中小学课外科普阅读丛书

动物快乐学

DONGWU KUAILE XUE

王 璐 编著

上海科学技术出版社 | 国家一级出版社
全国百佳图书出版单位

图书在版编目(CIP)数据

动物快乐学/王璐编著.—上海:上海科学技术出版社,2015.12(2019.4重印)
(中小学课外科普阅读丛书)
ISBN 978-7-5478-2555-6

Ⅰ.①动… Ⅱ.①王… Ⅲ.①动物—青少年读物
Ⅳ.①Q95-49

中国版本图书馆CIP数据核字(2015)第042953号

中小学课外科普阅读丛书
动物快乐学
王 璐 编著

上海世纪出版股份有限公司
上 海 科 学 技 术 出 版 社 出版
(上海钦州南路71号 邮政编码200235)
上海世纪出版股份有限公司发行中心发行
200001 上海福建中路193号 www.ewen.co
三河市元兴印务有限公司印刷
开本 690×980 1/16 印张 11
字数 160千字
2015年12月第1版 2019年4月第5次印刷
ISBN 978-7-5478-2555-6/N·91
定价:35.00元

编写说明

在我们的学校教育中，最让人诟病的就是死记硬背的知识填充。如何根据中小学生的成长特点，让教育在符合中小学生心理需求的状态下进行，是我们这套《中小学课外科普阅读丛书》的宗旨。考虑到中小学生的学习兴趣需要培养和引导，我们精心策划、组织相关领域专家编写了这套“科学传真，图文并茂”的丛书，内容涉及植物、动物、微生物、化学、数学、物理、自然、地理八大主题。本丛书根据中小学生的特点，所选内容在兼顾科学理论的同时，务求素材生活化、趣味化，让学习在快乐的过程中不知不觉地完成，真正起到寓教于乐的作用。

《中小学课外科普阅读丛书》编委会

CONTENTS

目录

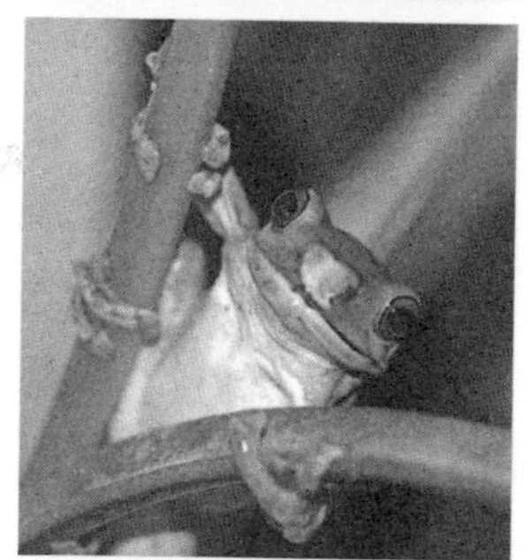

目录

第一章

昆　虫

第一节 昆虫概述

昆虫是无脊椎动物节肢动物门昆虫纲所有动物的总称，是所有生物中种类及数量最多的一群，是世界上最繁盛的动物，已发现100多万种。昆虫的构造有异于脊椎动物，它们的身体并没有内骨骼的支持，外裹一层由几丁质构成的壳。这层壳会分节，以利于运动，犹如骑士的甲胄。

昆虫分布面积广，几乎遍及整个地球，在生态圈中扮演着很重要的角色。从天涯到海角，从高山到深渊，从赤道到两极，从海洋、河流到沙漠，从草地到森林，从野外到室内，从天空到土壤，到处都有昆虫的身影。根据主要虫态的最适宜活动场所，大致可分为五类。

第一类是生活在空中的昆虫。这些昆虫大多在白天活动，成虫期具有发达的翅膀，通常有发达的口器，成虫寿命比较长，如蜜蜂、马蜂、蜻蜓、苍蝇、蚊子、牛虻、蝴蝶等。昆虫在空中活动阶段主要是进行迁移扩散、寻捕食物、婚配求偶和选择产卵场所。

第二类是生活在地表的昆虫。这类昆虫无翅或有翅，但不善飞翔，或只能爬行和跳跃。有些善飞的昆虫，其幼虫期和蛹期都是在地面生活；一些寄生性昆虫和专以腐败动植物为食的昆虫（包括与人类共同生活在室内的昆虫），大部分也在地表活动。在地表活动的昆虫占所有昆虫种类的绝大多数，因为地面是昆虫食物的所在地和栖息处，这类昆虫常见的有步行虫（放屁虫）、蟑螂等。

第三类是生活在土壤中的昆虫。这些昆虫都以植物的根和土壤中的腐殖质为食料。由于它们在土壤中的活动和对植物根的啃食而成为农业、果树和苗木的一大害。这些昆虫最害怕光线，大多数种类的活动与迁移能力都比较差，白天很少钻到地面活动，晚上和阴雨天是它们最适宜的活动时间。这类昆虫常见的有蝼蛄、地老虎（夜蛾的幼虫）、蝉的幼虫等。

第四类是生活在水中的昆虫。有的昆虫终生生活在水中，有的昆虫只是幼虫（特称它们为稚虫）生活在水中。

第五类是寄生性昆虫。这类昆虫的体型比较小，活动能力比较差，大部分种类的幼虫都没有足或足已不再能行走，眼睛的视力也减弱了。有的寄生性昆虫终生寄生在哺乳动物的体表，依靠吸血为生，如跳蚤、虱子等；有的则寄生在动物体内；还有的寄生在其他昆虫体内。人类可以利用昆虫寄生在其他昆虫体内的特性来防治害虫，称为生物防治。

昆虫不但种类多，而且同种的个体数量也十分惊人。一个蚂蚁群体可多达50万个个体。曾有人估计，整个蚂蚁的数量可能会超过全部其他昆虫的总数。小麦吸浆虫大发生的年代一亩（1亩＝666.67平方米）地有2 592万个之多；一棵树可拥有10万个蚜虫个体；在阔叶林里每平方米土壤中可有10万头弹尾目昆虫。

最近的研究表明，全世界的昆虫可能有1 000万种，约占地球所有生物物种的一半。目前确认的种类仅100万种，还有90%的种类我们不认识。按最保守的估计，世界上至少有300万种昆虫，那也还有200万种昆虫有待我们去发现、描述和命名。

在已定名的昆虫中，鞘翅目（甲虫）有35万种之多，其中象甲科最多，包括6万多种，是哺乳动物的10倍；鳞翅目（蝶类与蛾类）次之，约20万种；膜翅目（蜂类和蚂蚁）和双翅目（蚊、蠓、蚋、虻、蝇等）都在15万种左右。

许多昆虫成虫有多态现象。例如，工蚁和后蚁，工蜂和后蜂均不同；白蚁有兵蚁、繁殖蚁和持续的幼虫；蚜虫成虫则有无翅和有翅之分；有些蝴蝶有引人注目的季节两态性。这些差别可解释为：每一种的每个成员的基因中都有发育成不同型的能力，由于环境刺激引起特定的发育途径。激素或许是控制这些变化的环节。蝴蝶的视力很重要，雌蝶的色泽在飞行中能吸引同种的雄蝶；蜉蝣和有些蠓的雄虫成群飞舞吸引雌虫；某些雌甲虫的部分脂肪体形成一个发光的器官吸引雄虫；雄蟋蟀和蚱蜢发声吸引雌虫；雄蚊则被雌蚊飞行时发出的声音所吸引。但最重要的是气味，大多数雌虫分泌信息素引诱雄虫，雄虫同样也能产生吸引雌虫的气味。

多数昆虫营有性生殖。交配和产卵需要适当的温度和营养。一次受孕，终生产卵。交配、产卵期间对蛋白质尤其需要，鳞翅目的成虫只吃糖和水，幼虫时储备下必需的蛋白质。温度和营养常影响激素的分泌。产卵时通常需要保幼激素或来自神经分泌细胞的激素。没有这些激素，则生殖中断。这些现象在冬季见于马铃薯甲虫。少数昆虫雄虫罕见，由雌虫进行孤雌生殖。温带的蚜虫在夏季只产生营孤雌生殖的雌蚜，胚胎在母蚜内发育(胎生)。某些瘿蚊幼虫的卵巢中卵母细胞能在孤雌情况下开始发育，幼体破坏母虫体壁逸出，这叫幼体生殖。

陆生昆虫在环境太热时寻找一个阴凉潮湿的处所。如暴露在阳光下，它使自己处于体表受热面积最小的位置；如太冷，昆虫留在阳光下取暖。许多蝴蝶在飞行前需展翅收集热量；蛾在飞行前振动翅膀或抖动身体，并借毛或鳞片在身体周围形成一层空气绝缘层保住体热。最适于飞行的肌肉温度是38～40℃，在严寒时，身体结冻是对昆虫最大的危害。

在寒冷地区能越冬的种类称为耐寒昆虫。少数昆虫能忍受体液中出现冰晶，不过在这种情况下细胞内含物可能并未冻结。大多数昆虫的耐寒意味着阻止冰冻。抗冻作用部分是由于集聚了大量的甘油作为抗冻剂；部分是由于血液中的物理变化，温度远在冰点之下而仍不冻。防干旱包括坚硬的防水蜡以及扩大贮水的机制。水生昆虫除了步足发生显著的变化而适于游泳外，主要适应性变化在于呼吸。有的升到水面呼吸；蚊利用呼吸管末端的最后一对腹气孔吸气；龙虱在鞘翅与腹部之间有一贮气室。呼吸空气的昆虫在体表的毛间形成空气层，作用如鳃，使它能从水中取得气，延长潜水的时间。水中的昆虫幼虫直接从水中得气；大型的蜻蜓幼虫鳃在直肠内，水从肛门进出提供氧气。

我国幅员辽阔，自然条件复杂，是世界上唯一跨越两大动物地理区域的国家，因而是世界上昆虫种类最多的国家之一。一般来说，我国的昆虫种类占世界种类的1/10。世界已定名的昆虫种类为100万种，我国定名的昆虫应该在10万种左右，可目前我国已定名的昆虫只有5万多种，要赶上世界目前的水平还任重道远。世界的昆虫种类在300万～1 000万种，我国应有30万～100万种。由此可见，我国还有太多的昆虫新种等待着有志研究昆虫的朋友们去发现、命名和描述。

第二节 昆虫的特征

昆虫的头部有两根像“天线”一样的须，叫做触角，形状各异，十分奇特。从外形看，可分锤状、棒状、丝状、环毛状、刚毛状等，长在头的两侧上方，活动自如。蛾子、蝴蝶、蟑螂、臭虫等的触角形状各不一样。它们的触角有着如此广泛的用途，是由各自特异的结构来决定的。科学家使用高倍显微镜观察到昆虫的触角分若干节，在每一小节上，都分布有大量感觉细胞，柞蚕有5 000个，家蚕有6 000个，金龟子有5万个。每当空气中的气味飘入感觉细胞孔中或触及纤毛时，这些感觉细胞就将信息传送到脑部。昆虫的脑部虽小，却像电子计算机那样灵敏。蟑螂有3 000个毛孔的感觉细胞，对甜、酸、苦、辣都能反应自如；蜜蜂的脑重量只有几分之一克，体积比针头还要小，却能够接收信号，并给触角发出各种指挥信号。

昆虫的触角从上到下分很多节，各节都有不同的感受细胞，担负不同的“重任”。科学家发现，一旦其中的某一节受到损害，昆虫就会出现失常动作。

昆虫没有鼻子，通过气管呼吸。它们有特殊的呼吸系统，即由气门和气管组成的器官系统，气门相当于它们的“鼻孔”，在孔口布有专管过滤的毛刷和筛板，就像门栅一样能防止其他物体的入侵。气门内还有可开闭的小瓣，掌握着气门的关闭。气门与气管相连，气管又分支成许多微气管，通到昆虫身体的各个地方。昆虫依靠腹部的一张一缩，通过气门、气管进行呼吸。

昆虫能高度适应陆生环境，原因之一就是具备了这种特殊的呼吸系统。蚂蚁、蝗虫、螳螂、蝴蝶、蜜蜂、蚊子、苍蝇等各类陆生昆虫都是以这种方式进行呼吸。生活在水中的昆虫也是通过气门进行呼吸。蜻蜓、蜉蝣的幼虫长期适应水生环境，还形成了一种新的呼吸器官——气管鳃，能像鱼一样呼吸溶解在水中的空气。

有些昆虫有鲜明醒目的斑块、条纹或突起。这一身华丽的外衣，使它们在草丛或树枝间十分显眼。这些昆虫身上的色彩，并不是为了美观好看，而是一种警示敌害、使敌害望而生畏的警戒色，从而在危机四伏的自然环境里保护自己。有了它的保护，这些昆虫就可以放心大胆地活动，而用不着东躲西藏了。毒蛾、灯蛾的幼虫身上长有红黄相间的条纹和很长的细毛，喜欢食虫的鸟类看到后，经验告诉它们，凡是身上有这种色彩的虫是有毒的，吃不得，于是它们便马上离去。胡蜂等毒蜂，身上有黄黑相间的条纹，这也是它们向其他生物发出的警告！昆虫学家在解剖了很多食虫动物后发现，在胃里面的昆虫尸体中，很难找到具有警戒色的昆虫。

有趣的是，像蓝目天蛾等昆虫，身上同时具有保护和警戒两种颜色。平时，它的前翅覆盖在后翅上，前翅颜色为棕色，看上去就像一块树皮，十分隐蔽。当它受到袭击的时候，它会突然张开前翅，把色彩鲜明的后翅展现出来，突然出现的警戒色彩使捕食者大吃一惊，只好落荒而逃。更为有趣的是，像红斑蝶、食蚜蝇、透翅蛾等昆虫的身上并没有毒素，然而它们却能模拟有毒昆虫的警戒色，狐假虎威，吓退天敌。

第三节 昆虫的常见家族成员

螳　　螂

螳螂，亦称刀螂，是最凶猛的昆虫，属翅亚纲螳螂科，是一种中大型昆虫。头三角形且活动自如；复眼大而明亮；触角细长；颈可自由转动；前足腿节和胫节有利刺，胫节镰刀状，常向腿节折叠，形成可以捕捉猎物的前足；前翅皮质，为覆翅，缺前缘域；后翅膜质，臀域发达呈扇状，休息时叠于背上；腹部肥大。除极寒地带外，广布世界各地，尤以热带地区种类最为丰富。螳螂身体很长，多为绿色、褐色或具有花斑的种类。复眼凸出，单眼3个。咀嚼式口器，上颚强劲。前足为捕捉足，中、后足适于步行。渐变态。卵产于卵鞘内，每一卵鞘有卵20～40粒，排成2～4列。每只雌虫可产4～5个卵鞘，卵鞘是泡沫状的分泌物硬化而成，多黏附于树枝、树皮、墙壁等物体上。初孵出的若虫蜕皮3～12次始变为成虫。螳螂每年发生一代，有些也可行孤雌生殖。为肉食性昆虫，猎捕各类昆虫和小动物，在田间和林区能消灭不少害虫，因而是益虫。性残暴好斗，缺食时常有大吞小或雌吃雄的现象。分布在南美洲的个别种类还能不时攻击小鸟、蜥蜴或蛙类等小动物。螳螂有保护色，有的并有拟态，与其所处环境相似，借以捕食多种害虫。

前足为一对粗大呈镰刀状的捕捉足，并在腿节和胫节上生有钩状刺。后足的基部具有听器。雌性的食欲、食量和捕捉能力均大于雄性，雌性有时还能吃掉雄性。雌性的产卵方式特别，既不产在地下，也不产在植物茎中，而是将卵产在树枝表面。交尾后2天，雌性一般头朝下，从腹部先排出泡沫状物质，然后在上面顺次产卵，泡沫状物质很快凝固，形成坚硬的卵鞘。次年初夏，若虫从卵鞘中孵化，数量可达上百只。经过数次蜕皮，若虫发育为成虫。

蝉

蝉，俗称知了，属同翅目蝉科。多生活在热带、亚热带和温带地区，寒带较少见。蝉的幼虫期叫蝉猴、知了猴或蝉龟。最大的蝉体长4 ～ 4.8厘米，翅膀基部黑褐色。夏天在树上叫声响亮，用针刺口器吸取树汁，幼虫栖息土中，吸取树根液汁，对树木有害。蝉蜕下的壳可以做药材。

蝉的身体两侧有大大的环形发声器官，身体的中部是可以内外开合的圆盘。圆盘开合的速度很快，抖动的蝉鸣就是由此发出的。

蝉是一种吸食植物汁液的昆虫，体长通常4 ～ 5厘米。它们像针一样中空的嘴可以刺入树体，吸食树液。蝉有不同的种类，它们的形状相似而颜色各异。蝉的两眼中间有三个不太敏感的眼点，两翼上简单地分布着起支撑作用的细管。这些都是古老的昆虫种群的原始特征。

蝉的蛹在地下度过它一生的头两三年，或许更长一段时间。在这段时间里，它吸食树木根部的液体。然后在某一天破土而出，凭着生存的本能爬到树上。蝉蛹经过几年缓慢的生长，作为一个能量的储存体爬出地面，它用来挖洞的前爪还可以用以攀缘。

当蝉蛹的背上出现一条黑色的裂缝时，蜕皮的过程就开始了，蜕皮是由激素控制的。蝉蛹的前腿呈钩状，这样，当成虫从空壳中出来时，它就可以牢牢地挂在树上。蝉蛹必须垂直面对树身，这一点非常重要。这是为了成虫两翅的正常发育，否则翅膀就会发育畸形。蝉将蛹的外壳作为基础，慢慢地自行解脱，就像从一副盔甲中爬出来。

当蝉的上半身获得自由以后，它又倒挂着使其双翼展开。在这个阶段，蝉的双翼很软，它们通过其中的体液管使之展开。体液管由液体压力而使双翼伸开。当液体被抽回蝉体内时，展开的双翼就已经变硬了。

蜜　蜂

筑巢最精巧的昆虫是蜜蜂，有产蜜价值并广泛饲养的主要是西方蜜蜂和中华蜜蜂。有前胸背板不达翅基片、体被分枝或羽状毛、后足常特化为采集花粉的构造。成虫体被绒毛，足或腹部具由长毛组成的采集花粉器官。口器嚼吸式，是昆虫中独有的特征。全世界已知约1.5万种，我国已知约1 000种。有不少种类的产物或行为与农业、工业、医学有密切关系，它们被称为资源昆虫。

蜜蜂为完全变态的昆虫，经过卵、幼虫、蛹和成蜂4个发育阶段。卵产于巢内，乳白色香蕉形，卵膜略透明。蜂王产下的卵，稍细的一端位于巢房底部，稍粗的一端朝向巢房口。卵内胚胎经过3天发育孵化成幼虫。幼虫在巢室中生活，营社会性生活的幼虫由工蜂喂食，营独栖性生活的幼虫取食雌蜂储存于巢室内的蜂粮，待蜂粮吃尽，幼虫成熟化蛹，羽化时破茧而出。家养蜜蜂一年繁育若干代，野生蜜蜂一年繁育1～3代，以老熟幼虫、蛹或成虫越冬。一般雄性出现比雌性早，寿命短，不承担筑巢、储存蜂粮和抚育后代的任务。雌蜂营巢、采集花粉和花蜜，并储存于巢室内，寿命比雄性长。

蜜蜂一般生活在有蜜源植物的地方，以花蜜和花粉为食。食性可分为3类：①寡食性，即自近缘科属的植物花上采食，如苜蓿准蜂；②多食性，即在不同科的植物上或从一定颜色的花上采食花粉和花蜜，如意蜂和中蜂；③单食性，即仅自某一种植物或近缘种上采食，如矢车菊花地蜂。蜜蜂采集的花朵与口器的长短有密切关系。例如，隧蜂科、地蜂科、分舌蜂科等口器较短的蜜蜂种类采集蔷薇科、十字花科、伞形科、毛茛科开放的花朵；而切叶蜂科、条蜂科和蜜蜂科的种类由于口器较长，则采集豆科、唇形科等

具深花管的花朵。

蜜蜂的生活方式分为3种：寄生性、社会性和独栖性。

蜜蜂的筑巢本领复杂，筑巢地点、时间和巢的结构多样。蜜蜂的筑巢时间一般在植物的盛花期。蜂巢一般是零星分散的，但也有同一种蜜蜂多年集中于一个地点筑巢，从而形成巢群。例如，毛足蜂属的巢口数可达几十个甚至几百个。

黄　蜂

黄蜂，又称马蜂、蚂蜂或胡蜂，是一种分布广泛、种类繁多、飞翔迅速的昆虫，属膜翅目胡蜂科，过去称为针尾亚目。包括除蜜蜂类及蚁类之外的能蜇刺的昆虫，以及广腰亚目一些不能蜇刺的昆虫，如木胡蜂、雪松木胡蜂及寄生树黄蜂。

黄蜂的口器为嚼吸式，触角具12或13节。通常有翅，胸腹之间以纤细的腰相连。雌体具可怕的蜇刺。成虫主要以花蜜为食，但幼虫以母体提供的昆虫为食。

分布在北半球温带地区为人熟知的社会性黄蜂是长脚黄蜂属、大胡蜂属和小胡蜂属的种类；许多种体型大，富攻击性，并具可怕的蜇刺。一些小胡蜂属的种类称为黄衣胡蜂，因为其腹部有黄黑相间的条纹。而大胡蜂属和小胡蜂属的另一些种称为大黄蜂，体色多为黑色，面、胸及腹部尖端有浅黄色斑点。

黄蜂属群体性昆虫，它们多组成各自的群体并建造共栖的巢穴。多数黄蜂在树上用蜂蜡或干草等材料建造结构复杂的巢穴。这种巢穴非常结实，能够经得住风吹雨淋。

蜻　蜓

蜻蜓，是蜻蜓目差翅亚目昆虫的通称。一般体型较大，翅长而窄，膜质，网状翅脉极为清晰。视觉极为灵敏，单眼3个；触角1对，细而较短；咀嚼式口器。腹部细长，扁形或圆筒形，末端有肛附器。足细而弱，上有钩刺，可在空中飞行时捕捉害虫。稚虫水蚤，在水中用直肠气管鳃呼吸。一般要经11次以上蜕皮，经2年或2年以上才沿水草爬出水面，再经最后蜕皮羽化为成虫。稚虫在水中可以捕食孑孓或其他小型动物，有时同类也互相残杀。成虫除能大量捕食蚊、蝇外，还能捕食蝶、蛾、蜂等害虫。

蜻蜓是世界上眼睛最多的昆虫。眼睛又大又鼓，占据头的绝大部分，且每只眼睛由数不清的“小眼”构成，这些“小眼”都与感光细胞和神经相连，可以辨别物体的形状大小。它们的视力极好，而且还能向上、向下、向前、向后看而不必转头。此外，它们的复眼还能测速。当物体在复眼前移动时，每一个“小眼”依次产生反应，经过加工就能确定目标物体的运动速度，这使得它们成为昆虫界的捕虫高手。

蜻蜓一般在池塘或河边飞行，幼虫(稚虫)在水中发育。捕食性，成虫在飞行中捕食飞虫。食蚊及其他对人有害的昆虫，食性广，所以不能靠它专门防治某种虫害。

已知种不超过5 000种，在我国约300种，最常见的有：碧伟蜓、黄蜻和长叶异痣螅。这3种蜻蜓基本上代表了蜻蜓目的各个科，即代表了大型蜻蜓、中型蜻蜓和豆娘。

红　火　蚁

最毒的蚂蚁为红火蚁。在我国主要分布于广东、澳门、台湾、香港等地。火蚁是最近进入我国的入侵物种，也是《世界自然保护联盟》(IUCN)收录的最具破坏力的入侵生物之一。

红火蚁工蚁多型，体长2.4 ～ 6毫米，上颚4齿，触角10节，身体红色到棕色，柄后腹黑色。蚁巢向外凸出呈丘状，直径一般小于46厘米。当蚁丘受到破坏时，红火蚁将异常愤怒，用后腹部的尾刺进攻入侵者，一般被蜇刺后次日会有水疱出现。

红火蚁的寿命与体型有关，一般小型工蚁30 ～ 60天，中型工蚁60 ～ 90天，大工蚁90 ～ 180天。蚁后寿命2 ～ 6年。由卵到羽化为成虫需22 ～ 38天。

红火蚁为单或多蚁后制群体，蚁后每天最高产卵800粒，一个生长有几只蚁后的巢穴每天可以产卵2 000～3 000粒。当食物充足时产卵量可达到最大，一个成熟的蚁巢可以达到24万头工蚁，典型蚁巢为8万头。

红火蚁食性广泛，不仅捕杀昆虫、青蛙、蜥蜴、鸟类和小型哺乳动物，还能以植物种子为生。红火蚁往往会给入侵地带来严重的生态灾难，是生物多样性保护和农业生产的大敌。

红火蚁还时常入侵住房、学校、草坪等地，与人接触的机会较大，叮咬现象时有发生。其尾刺排放的毒液可引起过敏反应，甚至导致人类死亡。红火蚁同时也啃咬电线，经常造成电线短路甚至引发小型火灾。

红火蚁的生活结构具有社会性。蚁巢中除专负责生殖的蚁后与生殖时期才会出现负责交配的雄蚁外，绝大多数个体都是无生殖能力的雌性个体（职蚁）。无生殖能力的职蚁可分为工蚁与兵蚁亚阶级，阶级结构变化为连续性多态型。

红火蚁并没有特定的交配期，只要蚁巢成熟全年都可以有新的生殖个体形成。雌雄蚁会飞到90～300米的空中进行配对，完成交尾的雌蚁可以飞行3～5千米降落寻觅筑新巢的地点。

红火蚁的蚁巢有明显的特征，成熟的蚁巢有明显隆起的蚁丘，但这并非认定红火蚁的决定性方法。因为，目前台湾约270种蚂蚁中没有筑出隆起地面高于10厘米以上蚁丘的种类，要注意，红火蚁族群在未成熟前的蚁丘并不明显，容易与其他种蚂蚁的蚁巢相混淆。因此由小山丘的蚁丘仅可作为判定是否为红火蚁的依据之一。

美国白蛾

美国白蛾，又名美国灯蛾、秋幕毛虫，属鳞翅目灯蛾科。研究表明，美国白蛾是一种重要的国际性检疫害虫，具有食性杂、食量大、繁殖强、传播快、危害严重等特点。主要危害果树、行道树和观赏树木，尤其以阔叶树为重。对园林树木、经济林、农田防护林等造成严重的危害。

成虫为白色中型蛾子，复眼黑褐色，口器短而纤细。体长9～12毫米。多数个体腹部白色，无斑点，少数个体腹部黄色，上有黑点。雄成虫触角黑色，栉齿状，翅展23～34毫米，前翅散生黑褐色小斑点；雌成虫触角褐色，锯齿状，翅展33～44毫米，前翅纯白色，后翅通常为纯白色。

蛹体暗红褐色，腹部各节除节间外，布满凹陷刻点，臀刺8～17根，每根钩刺的末端呈喇叭口状，中凹陷。卵圆球形，直径约0.5毫米，初产卵浅黄绿色或浅绿色，后变灰绿色，孵化前变灰褐色，有较强的光泽。卵单层排列成块，覆盖白色鳞毛。

老熟幼虫体长28～35毫米，头黑色具光泽。体黄绿色至灰黑色，背线、气门上线、气门下线浅黄色。背部毛瘤黑色，体侧毛瘤多为橙黄色，毛瘤上着生白色长毛丛。腹足外侧黑色。气门白色，椭圆形，具黑边。根据幼虫的形态，可分为黑头型和红头型两型，其在低龄时就明显可以分辨。3岁后，从体色、色斑、毛瘤及其上的刚毛颜色更易区别。

美国白蛾分布于美国、加拿大、东欧各国及日本、朝鲜等国。

长尾麝凤蝶

长尾麝凤蝶为广泛分布蝶种，是一种取食有毒植物、体内含有毒素的蝴蝶。两翅褐黑色；前翅各室有放射状浅色纹、外缘各室各有一红色斑，胸部及腹部两侧面红色，尾突特别修长。幼虫以马兜铃科的管花马兜铃等植物为食料。该蝶种大都飞行缓慢，雄蝶常围绕大树盘旋飞翔，雌蝶则多在花间飞行。主要分布在中国的中部至北部地区。一年可发生3～4个世代，每年4～10月均可见其成虫飞翔。

幼虫长相比较恐怖，刚出生的一龄幼虫全身长有4列小疣，并在小疣上长有坚硬的毛刺。待蜕皮进入二龄后，毛刺便消失，而小疣则发展为较长的肉棘，全身散布有明显的红色及白色的警戒色斑纹。

在白水江自然保护区的长尾麝凤蝶一年产两代，以蛹在灌木或树枝上越冬，次年4月中旬羽化。第一代成虫5月中下旬为高峰期；第二代成虫高峰期在6月下旬到7月中旬，有世代重叠。雄成虫比雌成虫早羽化7～10天，飞行能力较强，其飞行活动主要受到寻找雌成虫交尾和访花补充营养的影响，主要在沟底活动。雌成虫飞行能力较差，主要在出生地附近访花交尾产卵，飞行活动主要受到寻找寄主植物和访花补充营养的影响。雌雄性比1 ∶ 4.1。雄成虫寿命平均6.9天，最长26天；雌成虫寿命平均7.6天，最长21天。孕卵量平均为31.5粒，成虫主要的访花蜜源植物有粉叶羊蹄甲、臭牡丹、合欢、接骨草。分布海拔为900～1 680米，最适范围为1 200～1 500米，多分布于山坡丛林内郁闭度小于0.7且林下有灌木分布的林间小路、林窗边缘。郁闭度大于0.8则分布较少，幼虫分布的范围为800～1 500米。蛹期和成虫期的天敌为鸟类，幼虫期的天敌主要有蜘蛛、猎蝽、蠼螋、鸟类、胡蜂、姬蜂。

蟋　蟀

蟋蟀，亦称促织、趋织、吟蛩、蛐蛐儿，属昆虫纲直翅目蟋蟀科。蟋蟀因鸣声悦耳而闻名。全球约2 400种，长3～50厘米；触角细，后足适于跳跃，跗节3节，腹部有2根细长的感觉附器(尾须)。前翅硬，革质；后翅膜质，用于飞行。雄虫通过前翅上的音锉与另一前翅上的一列齿（50～250个）互相摩擦而发声。音的频率取决于每秒击齿次数，从最大蟋蟀种类的1 500周/秒到最小蟋蟀种类的近10 000周/秒。鸣声的速率与温度直接有关，随温度的升高而增快。最普通的鸣声有招引雌性的寻偶声；有诱导雌性交配的求偶声，还有用以驱去其他雄性的战斗声。雌雄在前足胫节都有敏感的听器。多数雌虫以细长的产卵器产卵于土中或植物茎内，对植物常可造成

严重危害。在北方，蟋蟀多于秋季成熟产卵，若虫于次春孵出，蜕皮6～12次而成熟，成虫寿命一般为6～8周。

蟋蟀穴居，常栖息于地表、砖石下、土穴中、草丛间。夜出活动，杂食性，吃各种作物、树苗、菜果等。蟋蟀的某些行为可由特定的外部刺激所诱发。在斗蟋蟀时，如果以细软毛刺激雄蟋的口须，会鼓舞它冲向敌手，努力拼搏；如果触动它的尾毛，则会引起它的反感，用后足胫节向后猛踢，表示反抗。蟋蟀生性孤僻，一般情况下都是独立生活，绝不允许和别的蟋蟀住一起（雄虫在交配时期也和另一个雌虫居住在一起），因此，它们彼此之间不能容忍，一旦碰到一起，就会咬斗起来。在蟋蟀家族中，雌雄蟋蟀并不是通过"自由恋爱"而成就"百年之好"的。哪只雄蟋蟀勇猛善斗，打败了其他同性，那它就获得了对雌蟋蟀的占有权，所以在蟋蟀家族中"一夫多妻"现象是屡见不鲜的。

蟋蟀的鸣声也是颇有名堂的，不同的音调、频率能表达不同的意思。夜晚响亮的长节奏鸣声，既是警告别的同性"这是我的领地，你别侵入"，同时又招呼异性"我在这儿，快来吧"。当有别的同性不识抬举贸然闯入时，那么它便威严而急促地鸣叫以示严正警告。若"最后通牒"失效，那么一场为了抢占领土和捍卫领土的凶杀恶战便开始了，两只蟋蟀甩开大牙，蹬腿鼓翼，战在一起，其激烈程度绝不亚于古代两国交战时最惨烈的肉搏。

蟋蟀的分布地域极广，几乎全国都有，黄河以南更多。它喜欢栖息在土壤稍湿润的山坡、田野、乱石堆和草丛之中。蟋蟀一般在8月开始鸣叫，野外通常在20℃时鸣叫得最欢，10月下旬气候转冷时即停止鸣叫。它每年发生1代，产卵在土中以卵越冬。雄虫遇雌虫时，其鸣叫声可变为"唧唧吱，唧唧吱"，交配时则发出带颤的"吱……"声。

家　蚕

家蚕是食量最大的昆虫，属蚕蛾科昆虫的一种，原产于我国北部，驯化在室内饲养，故又称家蚕。养蚕和利用蚕丝是人类生活中的一件大事，约在4 000年前中国已有记载，至少在3 000年前中国已经开始人工养蚕。公元551年，有两个外国修道士把蚕茧带到欧洲。

蛾体中型，雌、雄触角皆为栉齿状，雄性栉齿略长；喙退化，下唇须短小，无

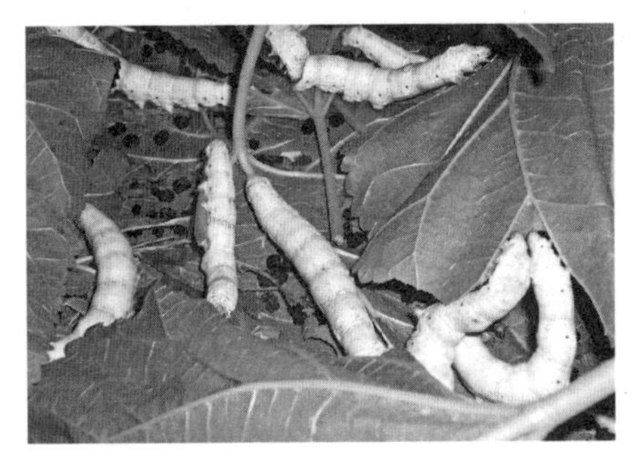

单眼，体翅灰白色，翅脉灰褐色。蚕吐丝结茧时，头不停摆动，将丝织成一个个排列整齐的“∞”字形丝圈。每织20多个丝圈变动一下身体的位置，然后继续吐织下面的丝列。一头织好后再织另外一头，因此，家蚕的茧总是两头粗中间细。家蚕每结一个茧，需变换250～500次位置，编织出6万多个“∞”字形丝圈，每个丝圈平均长0.92厘米，一个茧的丝长可达700～1 500米。丝腺内的分泌物完全用尽，才化蛹变蛾。

刚从卵中孵化出来的蚕宝宝黑黑的像蚂蚁，称为蚁蚕，身上长满细毛，约2天后毛即不明显了。蚁蚕出壳后约40分钟即有食欲，这时就要开始喂养过程了。蚕宝宝以桑叶为生，不断吃桑叶后身体渐变成白色，一段时间后它便开始蜕皮，蜕皮约需一天，如睡眠般不吃也不动。经过一次蜕皮后，就是二龄幼虫。蜕一次皮就增加一岁，共要蜕皮四次，成为五龄幼虫才开始吐丝结茧。

五龄幼虫需两天两夜的时间，才能结成一个茧，并在茧中进行最后一次蜕皮，成为蛹。约10天后，蛹羽化成为蚕蛾，破茧而出。出茧后，雌蛾尾部发出一种气味引诱雄蛾来交尾，交尾后雄蛾即死亡，雌蛾一个晚上可产下约500枚卵，然后也会慢慢死去。

棉　铃　虫

棉铃虫，也称玉米果穗螟蛉或番茄螟蛉，属鳞翅目夜蛾科，在全国各地均有发生。棉铃虫为夜蛾科昆虫玉米果穗夜蛾的幼虫。体光滑，绿色或褐色，是严重的作物害虫。果穗夜蛾入土化蛹，成虫灰褐色，一年发生4～5代。较早世代的幼虫主要取食玉米，尤其是穗尖的小籽粒；以后各代幼虫危害番茄、棉花和其他季节性作物。

成虫体长15～20毫米，翅展31～40毫米。虫子白天隐藏在叶背等处，黄昏开始活动，取食花蜜，有趋光性，卵散产于棉株上部。幼虫5～6龄。体色变化很大，有淡绿色、淡红色、黄白色、黄绿色等体色，背浅一般有2或4条，虫体各节有毛瘤12个。初龄幼虫取食嫩叶，其后危害蕾、花、铃，多从基部蛀入蕾、铃，

在内取食，并能转移为害。受害幼蕾苞叶张开、脱落，被蛀青铃易受污染而腐烂。老熟幼虫吐丝下垂，多数入土做土室化蛹，以蛹越冬。已知有赤眼蜂、姬蜂、寄蝇等寄生性天敌和草蛉、黄蜂、猎蝽等捕食性天敌。除用化学方法防治外，还可进行树枝诱杀、建立玉米诱集带诱杀等。

在黄河流域棉区，棉铃虫每年发生3～4代，长江流域棉区每年发生4～5代，以滞育蛹在土中越冬。第一代幼虫主要在麦田为害；第二代幼虫主要危害棉花顶尖；第三、四代幼虫主要危害棉花的蕾、花、铃，造成蕾、花、铃大量脱落，对棉花产量影响很大；第四、五代幼虫除危害棉花外，有时还会成为玉米、花生、豆类、蔬菜和果树等作物上的主要害虫。

在华南地区，棉铃虫每年发生6代，以蛹在寄主根际附近土中越冬。次年春季陆续羽化并产卵。第一代多在番茄、豌豆等作物上为害。第二代以后在田间有世代重叠现象。成虫白天栖息在叶背或荫蔽处，黄昏开始活动，吸取植物花蜜作为补充营养，飞翔力强，有趋光性，产卵时有强烈的趋嫩性。卵散产在寄主嫩叶、果柄等处，每雌一般产卵900多粒，最多可达5 000余粒。初孵幼虫当天栖息在叶背不食不动，第二天转移到生长点，但危害还不明显，第三天变为二龄，开始蛀食花朵、嫩枝、嫩蕾、果实，可转株为害，每只幼虫可钻蛀3～5个果实。四龄以后是暴食阶段。老熟幼虫入土5～15厘米深处做土室化蛹。

幼虫有转株危害的习性，转移时间多在夜间和清晨，这时施药易接触到虫体，防治效果最好。另外，土壤浸水能造成蛹大量死亡。

第四节 濒危昆虫

中华蛩蠊

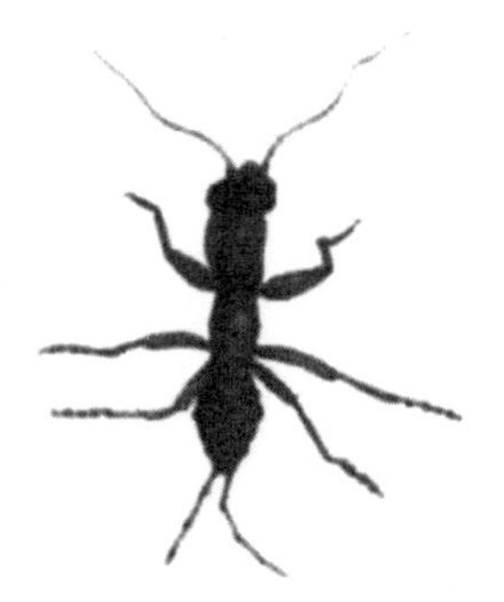

中华蛩蠊是中型昆虫，体细长，无翅，暗灰色，触角丝状，复眼小，尾须长，颇似双尾虫。多栖息于1 200米高山的苔藓、石块下和土中，种类极少。1985年我国昆虫学家在长白山区首次发现蛩蠊目昆虫，并被命名为“中华蛩蠊”，为我国一级保护昆虫。

中华蛩蠊长约10毫米，头宽3毫米。背面和头部棕黄色，较暗，腹面、足、触角玫瑰色，较淡。体表被细毛，腹部两侧和足着生稀疏深棕色刺状毛。头宽大，复眼黑色，且略狭，复眼下方有2根刺状毛。唇基倒梯形，上唇略半圆形，下颚内颚叶基部着生一排刷状长毛，前端具2个小齿状突起。中华蛩蠊前胸背板长略大于宽，前端较阔，后缘中部明显向内凹进，中胸背板长略短于后缘宽度，基部显较前胸背板后缘为狭，后胸背板宽约为其长的1.7倍。

中华蛩蠊分布于我国吉林长白山海拔2 000米处，近湖沼、融雪或水流湿处。一般都在夜晚活动，常隐匿于石头下、朽木下、苔藓上及洞穴中，以植物和小虫为食。

尖板曦箭蜓

尖板曦箭蜓是一种珍稀昆虫，雄性腹长37毫米，后翅长34毫米。头顶、后头及后头后方都为黑色；前胸主要为黑色，杂有黄斑；合胸背前方黑色，具黄色条纹，合胸侧方黄色，具黑色纹；足大多黑色；翅透明，微带褐色；腹部黑色，缀以黄色斑点。此虫为半变态，卵产在水面或水生植物上，幼虫生活在水里，捕食小水生动物；成虫在陆上善飞翔，也是肉食性的。中国仅分布于福建等地。

彩臂金龟

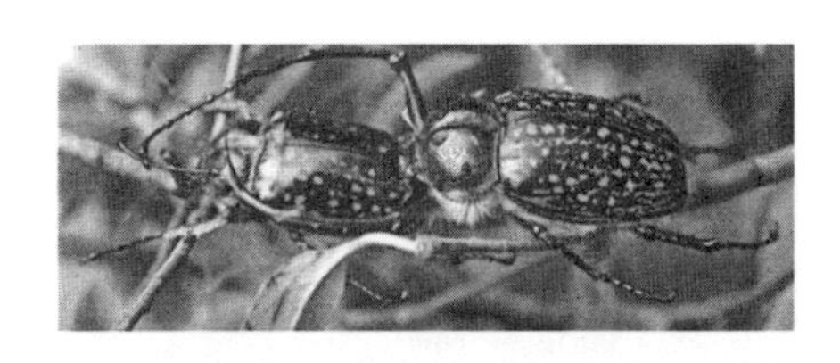

彩臂金龟属臂金龟科，因分布区较狭窄，且数量不多，被列为国家二级重点保护野生动物。

彩臂金龟是一种大型甲虫，体长约63毫米，体宽约35毫米，身体比较短阔，体色墨绿闪金属光辉。鞘翅近黑色，杂有许多淡黄褐色的不规则斑点，斑点中又有黑色小点。前胸背板宽阔而隆起。体色多样，包括金绿色、墨绿色、金蓝色、黄褐色、栗褐色等。体呈长椭圆形，背面隆拱。以其前足，尤其是雄虫的前足特长为特征。头部较小，口为唇基遮盖，背面不可见。触角为10节，前胸背板宽阔，两侧向外扩展，侧缘较深呈锯齿形。

彩臂金龟的幼虫取食腐朽木材，成虫情况不详。分布于中国云南、广西等地，全世界对它的研究甚少，是一种珍稀动物。

光明女神蝶

光明女神蝶是世界上最美丽的蝴蝶。其前翅两端的颜色由深蓝、湛蓝、浅蓝不断地变化，呈V形，给人间带来光明。它的形状、颜色都是无与伦比、无可挑剔的，为极品蝴蝶。

光明女神蝶全身呈紫蓝色，整个翅面犹如蓝色的天空镶嵌一串亮丽的光环，给人间带来光明。蝶翅中部有一条洁白的色带，贯穿前后翅。翅面从不同角度观察，色泽从紫蓝色到天蓝色不断变幻，神秘莫测。

光明女神蝶产于南美秘鲁，是亚马孙流域的瑰宝，是秘鲁国蝶，数量极少，

十分珍贵。光明女神蝶在我国仅有3只，2只在西北农林科技大学博览园昆虫博物馆，1只被北京收藏家收藏。

光明女神蝶已基本灭亡，世界生存着不到15只。只因它们太美丽了！人类将它们制成标本，高价出售；或是为其他目的，如做一些衣物上的装饰而捕杀它们。

荧光裳凤蝶

荧光裳凤蝶是凤蝶科裳凤蝶属的一种大型蝴蝶，该物种共有3个亚种，荧光裳凤蝶已被列入《濒危野生动植物种国际贸易公约》。

荧光裳凤蝶雄蝶展翅长110～140毫米，雌蝶展翅长120～150毫米，也有长达160毫米的记录。成蝶后翅在逆光下会闪现珍珠般的光泽。雄蝶前翅黑色，后翅金黄色，无尾状突起，有波状黑色外缘；雌蝶后翅中室外侧有较宽厚的黑带，并嵌有复杂的金黄色花纹。卵为球形，卵径2.6～2.8毫米，高2.0～2.1毫米。幼虫期具五龄，初龄幼虫呈暗红色，其后体色渐深而呈暗红色或红黑色，肉质突起细长，腹部具横行白斑，终龄幼虫触角橘黄色。

成蝶每年3月及7、8月出现较多。雄蝶喜欢在海岸原始林的树梢间飞翔，有时则停在叶间休息；雌蝶喜欢飞翔于海岸原始林间。可发现成蝶在道路两旁或是小径边上的长穗木、海檬果或马缨丹上吸食花蜜。食物包括花粉、花蜜或植物汁液。寄主为马兜铃科植物。幼虫摄食马兜铃科尖叶马兜铃、蜂巢马兜铃、印度马兜铃等植物的叶。

荧光裳凤蝶生活在低海拔山区，成虫全年可见，但主要发生期在3～4月或9～10月；飞行颇慢，喜于晨间或黄昏时飞至野花吸蜜。

第二章

鱼　类

第一节 鱼类概述

鱼类是最古老的脊椎动物，它们几乎栖息于地球上所有的水生环境——从淡水湖泊、河流到咸水大海和大洋。鱼类是终年生活在水中，用鳃呼吸，用鳍辅助身体平衡与运动的变温脊椎动物。已探明的有20 000余种，是脊椎动物亚门中最原始最低级的一群。鱼肉富含动物蛋白质和磷脂等，营养丰富，滋味鲜美，易被人体消化吸收，对人类体力和智力的发展具有重大作用。鱼体的其他部分可制成鱼肝油、鱼胶、鱼粉等。有些鱼类如金鱼、热带鱼等体态多姿、色彩艳丽，具有较高的观赏价值。

世界上现存的鱼类约24 000种，在海水里生活者占2/3，其余的生活在淡水中。中国有2 500种，其中可供药用的有百种以上，常见的药用动物有海马、海龙、黄鳝、鲤鱼、鲫鱼、鲨鱼等。另外，还常用作医药工业原料，例如，鳕鱼、鲨鱼或鳐的肝是提取鱼肝油（维生素A和维生素D）的主要原料。从各种鱼肉里可提取水解蛋白、细胞色素C、卵磷脂、脑磷脂等。河豚的肝脏和卵巢里含有大量的河豚毒素，可以提取出来治疗神经病、痉挛、肿瘤等病症。大型鱼类的胆汁可以提制胆色素钙盐，为人工制造牛黄的原料。

鱼类主要靠按节排列于身体两侧的肌肉交替收缩，使体躯与尾鳍左右摆动而前进，其他鳍起平衡与转向作用。某些鱼的鳍经变态后还具有攻击、自卫、摄食、生殖、发声、爬行、滑翔、跳跃、攀缘、呼吸等功能。鳔能调节鱼体比重，帮助浮沉。

通常人们对现代鱼类都比较熟悉，但对地质史上的早期鱼类以及它们如何进化为现代鱼类，就比较生疏了。已知最早的鱼类化石，是一些被发现于距今约5亿年前的寒武纪晚期地层中的零散鳞片，但这些鳞片并没能给我们一个有关鱼类形态的具体轮廓。直到志留纪晚期和泥盆纪的地层中大量鱼化石被发现。这些鱼化石，在身体的构造特征上已经有很多不一样的地方，这说明当时已经有很多不同种的鱼类存在。

据研究表明，最早出现的鱼类是甲胄鱼，是一类已经灭绝的古生代鱼形脊椎动物。

鱼纲是现存脊椎动物亚门中最大的一纲，从动物进化的角度看，鱼纲是有颌类的开始，故为有颌类中最原始、最古老的一纲，远在泥盆纪就已派生出很多的边缘支系，发展和演变至今成为各种复杂体型的鱼类。现存鱼类分为软骨鱼系和硬骨鱼系。

软骨鱼类是现存鱼类中最低级的一个类群，且绝大多数都生活在海里。全世界有200多种，其中在我国就有140多种。科学家们在距今4.5亿年前的志留纪地层中就已经发现了最早的软骨鱼化石，并确定至今仍有软骨鱼类的存在。

最早的软骨鱼类出现于泥盆纪早期，而裂口鲨常被视为原始代表之一，并被认为很可能是所有鲨类的祖先。裂口鲨是一种近1米长的鲨类，拥有典型的鲨类体形——纺锤形，眼睛很大，靠近吻端。从裂口鲨这种近似软骨鱼类中心基干出发，进化出后期的各种鲨类，包括典型的鲨类和身体扁平的鳐类。这些鲨类从中生代到现在一直生活在海洋中，既没有特别昌盛过，也没有被大自然淘汰。

硬骨鱼类是现存鱼类中最进化的一种，也是现今世界上各大水域的“主人”。一般认为，硬骨鱼类是从棘鱼进化来的。棘鱼是早期的有颌鱼类，早在志留纪便已出现，一直延续到二叠纪。棘鱼是一种小型鱼类，曾被认为与盾皮鱼类和软骨鱼类有关，近年来人们通过对许多新材料的研究，才确定它与硬骨鱼类有关。

现存的绝大部分鱼类都属于硬骨鱼类。此外，能在干涸环境中用鳔直接呼吸空气的肺鱼，以及现存非洲东南部海洋中的“活化石”矛尾鱼，都属于硬骨鱼类。海洋、湖泊、河川、小溪等各种水域中均有它们的出现，其形态多种多样，数目约2万种，由此可见硬骨鱼类的分布极其广泛。

第二节 鱼类的特征

鱼类虽是最低等的脊椎动物，但已具有骨骼、肌肉及消化、循环、呼吸、排泄、生殖、神经感觉等相当完备的器官系统，能够进行极其多样化的生命活动。其形态构造除与系统发育有关外，更反映了对水环境的适应性。

鱼类的体形对其生活环境的适应性有很大的影响。主要表现在：生活在水体上层的鱼一般呈纺锤形，这样的体形可以做快速而持久的游泳，还可以灵活地应变各种突发状况，如躲避敌害、捕食等；生活在海底的鱼呈扁平形，非常有利于它们紧贴海底进行隐藏；潜居生活的鱼类，体形一般呈圆筒形，非常适宜潜伏于泥沙中，或擅长在水底的礁石岩缝中穿绕；而珊瑚礁鱼类多为侧扁形，这些鱼类游速较缓，不太敏捷，很少做长距离迁移；还有那些在海藻中生活的鱼的外形则表现为拟态体形；金枪鱼呈鱼雷形体形，适宜快速游泳。

鱼类的附肢为鳍，是游泳和维持身体平衡的运动器官。鳍由支鳍担骨和鳍条组成，鳍条分为两种类型：一种角鳍条不分节，也不分支，由表皮发生，见于软骨鱼类；另一种是鳞质鳍条或称骨质鳍条，由鳞片衍生而来，有分节、分支或不分支，见于硬骨鱼类，鳍条间以薄的鳍条相连。骨质鳍条分鳍棘和软条两种类型，鳍棘由一种鳍条变形形成，是既不分支也不分节的硬棘，为高等鱼类所具有。软条柔软有节，其远端分支（叫分支鳍条）或不分支（叫不分支鳍条），都由左右两半合并而成。鱼鳍分为奇鳍和偶鳍两类。偶鳍为成对的鳍，包括胸鳍和腹鳍各1对，相当于陆生脊椎动物的前后肢；奇鳍为不成对的鳍，包括背鳍、尾鳍、臀鳍（肛鳍）。背鳍和臀鳍的基本功能是维持身体平衡，防止倾斜摇摆，帮助游泳，尾鳍如船舵一样，控制方向和推动鱼体前进。一般常见的鱼类都具有上述胸、腹、背、臀、尾等五种鳍。但也有少数例外，如黄鳝无偶鳍，奇鳍也退化；鳗鲡无腹鳍；电鳗无背鳍等。

鱼类的皮肤由表皮和真皮组成，表皮甚薄，由数层上皮细胞和生发层组成，表皮中富有单细胞的黏液腺，能不断分泌黏滑的液体，使体表形成黏液层，润滑和保护鱼体，减少皮肤的摩擦阻力提高运动能力清除附着在鱼体的细菌和污物。同时，使体表滑溜易逃脱敌害。所以，表皮对鱼类的生活及生存都有着重要意义。表皮下是真皮层，内部除分布有丰富的血管、神经、皮肤感受器和结缔组织外，真皮深层和鳞片中还有色素细胞、光彩细胞，以及脂肪细胞。色素细胞有黑、黄、红三种，黑色素细胞和黄色素细胞普遍存在于鱼类的皮肤中，红色素细胞多见于热带奇异的鱼类局部皮肤中，光彩细胞中不含色素而含鸟粪素的晶体，有强烈的反光性，使鱼类能显示出银白色闪光，有些鱼类生活在海洋深处或昏暗水层，具有另一种皮肤衍生物——发光器腺细胞，能分泌富含磷的物质，氧化后发荧光，以诱捕趋光性生物，或作同种和异性间的联系信号，如深海蛇鲻、龙头鱼和角鮟鱇中的一些种类。

在表皮与真皮之间有很多鳞片。鱼鳞是鱼类中特有的皮肤衍生物，由钙质组成，被覆在鱼类体表全身或一定部位，能保护鱼体免受机械损伤和外界不利因素的刺激，故有“外骨骼”之称，也是鱼类的主要特征之一。现存鱼类的鱼鳞，根据外形、构造和发生特点，可分为三种类型。

第一种是楯鳞，由真皮和表皮联合形成，包括真皮演化的基板和板上的齿质部分。即埋藏在真皮中的硬骨质的圆形或菱形基板和凸出于表皮以外尖锋朝向体后而中央隆起的圆锥形的棘（齿质）。齿质的表面有由表皮演化而来的珐琅质被覆着，齿质部分的中央为髓腔，整个髓腔开口于基板的底部，并有血管、神经通到腔内。楯鳞的构造较原始，见于软骨鱼类鳞。鲨鱼体表的楯鳞与牙齿的发生和构造相同，应属同源器官，故鲨鱼的牙齿又叫皮齿。

第二种是硬鳞，由真皮演化而来的斜方形骨质板鳞片，表面有一层钙化的具特殊亮光的硬鳞质，称闪光质。硬鳞是硬骨鱼中最原始的鳞片，如雀鳝和鲟鱼的鳞。

第三种是骨鳞，由真皮演化而来的骨质结构，类圆形，前端插入鳞襄中，后端露出皮肤外呈游离态，相互排列成覆瓦状。根据后缘的形状不同分为圆鳞和栉鳞。

除了这三种类型的鳞片，大多数鱼类身体两侧都有一条或数条从单独小窝演变成为一条管状的线，称为侧线鳞。每片侧线鳞上有侧线孔，能充分感受到水的低频率振动。

鱼类具有发达的中轴与附肢骨骼，对于保护中枢神经、感觉器官与内脏，支持体躯以及整个身体的活动有重要作用。中轴骨骼由头骨（胸颅与咽颅两部分组成）和脊柱组成。咽颅是围绕消化道最前端的一组骨骼，用来支持口和鳃。脊柱由许多块椎骨组成。

头骨数目最多，硬骨鱼类的头骨由130块左右骨片组成（指现存鱼类，古代的原始鱼类头骨可多达180块），是脊椎动物中头骨数目最多的一类动物。

脊柱代替了脊索，鱼类的脊柱由许多块椎骨彼此连接成一条柱状骨，以取代部分或全部的脊索，具支撑身体、保护脊髓和主要血管的功能，较圆口类更为进步。鱼类的脊椎骨具有前后两面都向内凹陷的特点，称为两凹椎体或双凹椎体，为鱼类特有，在相邻的两个椎体间隙及贯穿椎体中的小管内可见残存的脊索。

附肢骨分奇鳍骨骼和偶鳍骨骼。奇鳍中的背鳍、臀鳍和尾鳍骨骼都由插入肌肉中的支鳍骨（辐鳍骨）支持鳍条，硬骨鱼的支鳍骨又叫鳍担骨。偶鳍骨骼包括带骨（肩带和腰骨）和鳍骨（鳍担骨和鳍条）两部分。鱼类中除硬骨鱼的肩带与头骨相连以外，所有的附肢骨与脊柱均没有直接联系，这也是鱼类的特征之一，这是由于鱼类的运动方式是游泳决定的。

神经系统对鱼类的生命活动很重要，它由脑、脑神经、脊髓与脊神经构成，脑和脊髓为中枢神经，脑神经与脊神经为外周神经。脑分化为端脑与间脑，小脑与延脑。端脑是嗅觉中枢；间脑又称丘脑，与脑垂体相连。中脑是视觉中枢，小脑管理运动，延脑管理呼吸、循环等生理活动的多元中枢。脊神经又称混合神经。鱼的感觉器官构造具有适应水栖生活的特点。皮肤具有触觉、温觉、感知水流和测定方位的功能，侧线的主要作用是测定方向和感知水流。鱼类内耳起听觉和平衡鱼体作用。鱼眼与人眼构造差别不大，无上下眼睑和泪腺，是视觉器官。嗅囊通常由许多嗅黏膜褶组成并产生嗅觉，对鱼类觅食、生殖、夜间集群、警戒反应和洄游等有重要作用。味蕾产生味觉，但一般不太灵敏。

鱼类一般为雌雄异体，生殖腺通常成对。软骨鱼类一般为体内受精，行卵胎生、胎生或卵生，多数硬骨鱼为体外受精。所产之卵淡水鱼为沉性或浮性，海水鱼均为浮性。鱼类的性成熟与种类、营养、水温、光照等有很大关系，并由促性腺激素调节。受精卵经一定时间后孵化，仔鱼脱膜而出。鱼的一生分为胚胎期、仔鱼期、未成熟期与成鱼期，其中仔鱼期死亡率最高。

第三节 鱼类的常见家族成员

吻　　鲈

吻鲈，俗称接吻鱼，以总是在甜蜜地相互“接吻”而得名。实际上，不仅是异性鱼即使同性鱼也有“接吻”动作，因此科学家们认为接吻鱼的“接吻”也许并不是友情表示，而是一种争斗。

接吻鱼的体长一般为20～30厘米，体色呈浅红色，又厚又大的“性感”嘴唇是其最显著的特征。一旦两条接吻鱼相见就会像两只吸盘牢牢吸附，可以整整一下午都保持接吻的动作。可不要以为这是它们情人之间的深情款款，其实这是一种争斗的现象，接吻鱼是在为了保卫自己的空间领域而战斗！但这种争斗并不激烈，只要一方退却让步，胜利者并不会继续穷追猛打，而是继续埋头它的清洁工作，似乎什么也没有发生过。所以，它们温和的习性不会对其他任何鱼类构成威胁，因而比较适宜于混合饲养。

接吻鱼游动起来十分缓慢，而且还显得仪态万千，是极具观赏性的热带鱼。因为它们的身体微红带白好似初放的桃花，所以还有很多行家叫它桃花鱼。接吻鱼的饲养很简单，它对水质没有特殊要求，水温22～26℃就可以。不过，由于接吻鱼长起来个头较大，最好选择大一点的饲养缸。接吻鱼食性杂，一点也不挑食。不但生长快，抵抗力也不错，很少生病。

接吻鱼经常用嘴不停地啃食水草上和水族箱壁上的藻类和青苔，这样能使水草鲜绿，箱壁保持清洁，对清洁水族箱起了很大作用。接吻鱼在啃食箱底藻类和青苔时，常常头朝下，呈倒立状，十分有趣，值得一看。

虽然接吻鱼是大型鱼种，但它对一般的大型水蚤并不感兴趣，反倒是需要经常张开大嘴去“喝”一些小型水蚤才能吃饱，这也是热带鱼的一种特殊的取食方式。由于养接吻鱼一举两得，因此很多人会在热带鱼箱里放几条接吻鱼作为“清道夫”。

鲨　鱼

鲨鱼早在恐龙出现前3亿年就已经存在于地球上，至今已超过4亿年，它们在近1亿年来几乎没有改变。鲨鱼，在古代叫做鲛、鲛鲨、沙鱼，是海洋中的庞然大物，所以号称“海中狼”。

鲨鱼的体型不一，身长小至18 cm，大至5.4 m。鲨鱼可以一动不动地在海底，并不会因此窒息。鲨鱼和硬骨鱼类的不同之处是，它们没有鳔来控制浮潜。如果停止游泳，大部分鲨鱼会往下沉。为了增大在水中的浮力，鲨鱼的肝内具有大量的油。

鲨鱼在海水中对气味特别敏感，尤其对血腥味，伤病的鱼类不规则的游弋所发出的低频率振动或者少量出血，都可以把它从远处招来，甚至能超过陆地狗的嗅觉。它可以嗅出水中10^{-6}浓度的血肉腥味。

鲨鱼身体坚硬，肌肉发达，不同程度呈纺锤形。口鼻部分因种类而异：有尖的，如灰鲭鲨和大白鲨；也有大而圆的，如虎纹鲨和宽虎纹鲨的头呈扁平状。垂直向上的尾（尾鳍），大致呈新月形，大部分种类的尾鳍上部远远大于下部。

鲨鱼游泳时主要是靠身体，像蛇一样的运动并配合尾鳍像橹一样的摆动向前推进。稳定和控制主要是运用多少有些垂直的背鳍和水平调度的胸鳍。鲨鱼多数不能倒退，因此它很容易陷入像刺网这样的障碍中，而且一陷入就难以自拔。

令人惊讶的是鲨鱼的牙齿不是像海洋里其他动物那样恒固的一排，而是具有5～6排，除最外排的牙齿是真正起到牙齿的功能外，其余几排都是“仰卧”着备用，就好像屋顶上的瓦片一样彼此覆盖着，一旦最外一层发生脱落时，里面一排的牙齿马上就会向前面移动，用来补足脱落牙齿的空穴位置。同时，鲨鱼在生长过程中较大的牙齿还要不断取代小牙齿。因此，鲨鱼在一生中常常要更换数以万计的牙齿。

鲨鱼以受伤的海洋哺乳类、鱼类和腐肉为生，剔除动物中较弱的成员。鲨鱼也会吃船上抛下的垃圾和其他废弃物。此外，有些鲨鱼也会猎食各种海洋哺乳类、鱼类、海龟和螃蟹等动物，也有些鲨鱼能几个月不进食。

带　鱼

带鱼，又称牙带鱼、刀鱼，属鱼纲鲈形目带鱼科。带鱼的体形就像它的名字，侧扁如带，呈银灰色，背鳍及胸鳍呈浅灰色，长有很细小的斑点，尾巴为黑色。带鱼头尖口大，到尾部逐渐变细，好像一根细鞭，头长为身高的2倍，全长1米左右。

带鱼的分布比较广泛，以西太平洋和印度洋最多，我国沿海各省均可见到，其中又以东海产量最高。

带鱼是一种比较凶猛的肉食性鱼类，牙齿发达且尖利，经常捕食毛虾、乌贼及其他鱼类。带鱼背鳍很长、胸鳍小，鳞片退化。它游动时不用鳍划水，而是通过摆动身躯向前运动，行动十分自如。既可前进，也可以上下窜动，动作十分敏捷。

带鱼食性很杂而且非常贪吃，有时会同类相残。经常会有钓带鱼钓上来一串的情况发生，因为它们是一只咬着一只的。用网捕时，网内的带鱼常常被网外的带鱼咬住尾巴，这些没有入网的家伙最终也因为贪嘴而被渔民抓了上来。

据说由于带鱼互相残杀和人类的捕捞，在带鱼中很少能够见到寿命超过4岁的老带鱼。带鱼最多只能活到8岁左右，不过带鱼的贪吃也有一个优点，那就是生长的速度快，1岁鱼的平均身长18～19厘米，重90～110克，当年即可繁殖后代，2岁鱼便可长到300克左右。

带鱼属于洄游性鱼类，有昼夜垂直移动的习惯。白天它们成群栖息于中下水层，晚间则上升到表层活动。我国沿海的带鱼可以分为南、北两大类，北方带鱼个体较南方带鱼大。它们在黄海南部越冬，春天游向渤海，形成春季鱼汛，秋天结群返回越冬地形成秋季鱼汛；南方带鱼每年沿东海西部边缘随季节不同做南北向移动，春季向北做生殖洄游，冬季向南做越冬洄游，故东海带鱼有春汛和冬汛之分。

带鱼是我国沿海产量最高的一种经济鱼类。20世纪70年代带鱼的年产量一般在50万吨左右，90年代就已经上升到110多万吨。但是，再后来产量就开始不断下降了。不过比大、小黄鱼要好一些，尚能形成鱼汛。近几年经过禁渔和开展保护渔业资源方面的宣传教育，过度捕捞的行为有所控制，使带鱼生产保持在一个相对稳定的水平上。

带鱼肉嫩体肥、味道鲜美，只有中间一条大骨，无其他细刺，食用方便，是人们比较喜欢食用的一种海洋鱼类。它具有很高的营养价值，对病后体虚、产后乳汁不足和外伤出血等症具有一定的补益作用。

中医认为带鱼能和中开胃、暖胃补虚，还有润泽肌肤、美容的功效。不过患有疮、疥的人还是少食为宜。

草 鱼

草鱼，俗称鲩鱼、草鲩、白鲩、油鲩、黑青鱼、草根（东北）、混子等，属鲤形目草鱼属。草鱼身体略呈圆筒形，体呈浅茶黄色，背部青灰，腹部灰白，胸、腹鳍略带灰黄，其他各鳍浅灰色。头部略微扁平，尾部侧扁；嘴巴呈弧形，没有须；上颌略长于下颌。为中国东部、广西至黑龙江等平原地区的特有鱼类。

草鱼生性活泼，游泳迅速，常成群觅食，为典型的草食性鱼类。一般栖息于平原地区的江河湖泊中，大多居于水的中下层和近岸多水草的区域。在干流或湖泊的深水处越冬，生殖季节草鱼的亲鱼有溯游习性。因其生长迅速，饲料来源广，是中国淡水养殖的四大家鱼之一。

我国重要的淡水经济鱼类中，以草鱼、青鱼、鲢、鳙等“四大家鱼”最为出名。其中，草鱼以其独特的食性和觅食手段，被当作拓荒者而移植至世界各地。

草鱼的肉性味甘、温、无毒，有暖胃和中之功效，但体内的胆则性寒、味苦、有毒性。动物实验表明，草鱼胆有明显降压作用，有祛痰及轻度镇咳作用。江西民间也有用胆汁治耳聋和水火烫伤的偏方。但由于胆汁有毒，常有因吞服过量草鱼胆引起中毒事例发生。

草鱼胆中毒主要是因为毒素作用于消化系统、泌尿系统，短期内引起胃肠症状，肝、肾功能衰竭，常合并发生心血管与神经系统病变，引起脑水肿、中毒性休克，甚至死亡。对误服草鱼胆中毒者，目前尚无特效疗法，故不宜将草鱼胆用来治病，如必须应用，亦需慎重。

草鱼一般摄食浮游动物，幼鱼期兼食昆虫、蚯蚓、藻类和浮萍等；当草鱼体长达10厘米以上时，完全摄食水生高等植物，其中尤以禾本科植物为多。草鱼摄食的植物种类会随着生活环境中食物基础状况的改变而有所变化。

草鱼在自然条件下，不能在静水中产卵。江河干流的河流汇合处、河区一侧的深槽水域、两岸突然紧缩的江段为适宜的产卵场所。

自1958年草鱼经人工催产授精孵化成功后，已移植至亚洲、欧洲、美洲、非洲的许多国家。

飞　鱼

在我国南海和东海上，经常能看到这样的情景：在深蓝色的海面上，突然跃出了成群的“小飞机”，犹如群鸟一般掠过海空，高一阵，低一阵，翱翔竞飞，景象十分壮观。有时候，这些“小飞机”在飞行时竟会落到汽艇或轮船的甲板上面，使船员“坐收渔利”。这种像鸟儿一样会飞的鱼，就是海洋上闻名遐迩的飞鱼。

飞鱼是一种中小型鱼类，因为它会“飞”，所以人们都叫它飞鱼。飞鱼主要生活在热带、亚热带和温带的海洋里，在太平洋、大西洋、印度洋及地中海都可以见到它们飞翔的身姿。

飞鱼长相奇特，胸鳍特别发达，像鸟类的翅膀一样，长长的一直延伸到尾部，整个身体就像织布用的“长梭”。飞鱼凭借自己流线型的优美体形，在海中以每秒10米的速度高速运动，它能够跃出水面十几米，在空中停留的最长时间是40多秒，飞行的最远距离有400多米。飞鱼经常在海水表面活动，蓝色的海面上，飞鱼时隐时现，破浪前进的情景十分壮观，是南海一道亮丽的风景线。

海洋生物学家认为，飞鱼的飞翔大多是为了逃避金枪鱼、剑鱼等大型鱼类的追逐，或是由于船只靠近受惊而飞。由于海洋鱼类的大家庭并不总是平静的，飞鱼只是生活在海洋上层的中小型鱼类，又是鲨鱼、鲜花鳅、金枪鱼、剑鱼等凶猛鱼类争相捕食的对象。因此在长期的生存竞争中，飞鱼形成了一种十分巧妙的逃避敌害的技能：跃水、飞翔，可以暂时离开危险的海域。

当然，有时候飞鱼也会由于兴奋或生殖等原因跃出水面。然而在危险重重的海洋里，飞鱼这种特殊的“自卫”方法并不是绝对可靠的。在海上飞行的飞鱼尽管逃脱了海中之敌的袭击，却也常常成为海面上守株待兔的海鸟（如军舰鸟）的“口中食”。飞鱼具有趋光性，夜晚若在船甲板上挂一盏灯，成群的飞鱼就会寻光而来，自投罗网撞到甲板上，捕鱼者可以轻松地不劳而获。

加勒比海东端的珊瑚岛国巴巴多斯，以盛产飞鱼而闻名于世。这里的飞鱼种类近100种，小的飞鱼不过手掌大，大的有2米多长。据当地人说，大飞鱼能跃出水面约400米高，最远可以在空中一口气滑翔3 000多米。显然这种说法太夸张了。但飞鱼的确是巴巴多斯的特产，也是这个美丽岛国的象征。许多娱乐场所和旅游设施都是以“飞鱼”命名的。飞鱼的肉特别鲜美，肉质鲜嫩，是上等菜肴。用飞鱼做成的菜肴成了巴巴多斯的名菜之一。

秋 刀 鱼

秋刀鱼属硬骨鱼纲颌针鱼目竹刀鱼科。秋刀鱼的体形细圆，呈棒状；背鳍后有5～6个小鳍，臀鳍后有6～7个小鳍；两颌多突起，但不呈长缘状，牙细弱；体背部深蓝色，腹部银白色，吻端与尾柄后部略带黄色。秋刀鱼在部分东亚地区的食物料理中是一种很常见的鱼种。

秋刀鱼在北太平洋区，包括日本海、阿拉斯加、白令海、加利福尼亚州、墨西哥等海域均有分布。分布于北纬67°～18°，东经137°～西经108°，喜欢的水温是15～18℃。我国主要分布在黄海一带。

秋刀鱼体长可达35厘米。为表层洄游性鱼类，无胃，肠短；以动物性浮游生物为食，尤喜虾类。

在日本太平洋于8月下旬至冬季会南下洄游，而在日本海则其南下洄游群不明显，但在6月左右向北洄游之群甚明显，以棒受网及流刺网可捕获。体长25厘米以上即成熟，在日本南部海域于秋季及冬季，在日本北部海域则于初夏，会在流藻及潮境聚集而产卵，产

卵时也会进入内湾，其卵具缠络丝，以随波流物移动免至沉入海中。秋刀鱼有几类天敌，如海洋哺乳类、乌贼和鲔鱼等。秋刀鱼体内含有丰富的蛋白质、脂肪酸。据分析，秋刀鱼含有人体不可缺少的二十碳五烯酸、二十二碳六烯酸等不饱和脂肪酸。有抑制高血压、心肌梗死、动脉硬化的作用。

鲫　鱼

鲫鱼，又称鲫瓜子、鲫皮子、鲫拐子、鲫壳子、鲋鱼、肚米鱼、喜头鱼、朝鱼、刀子鱼，属鲤科。

鲫鱼的体长一般为15～20厘米。体侧扁而高，身体较小，嘴上无须，鳃耙长，鳃丝细长有扁片形下咽齿一行；背鳍、臀鳍第三根硬刺坚硬锐利，后缘有锯齿；胸鳍末端可达腹鳍起点；尾鳍呈深叉形。鲫鱼一般体背面呈灰黑色，腹面渐变成银灰色，各鳍条呈灰白色。

鲫鱼由于其黑色的鱼背与河底淤泥同色，很难被敌人发现。就算它的天敌从水下方往上看，由于白色鱼肚和天颜色差不多，也难被发现。我们经常看到有些文章里形容清晨时分“东方泛起了鱼肚白”，就是这个道理。

鲫鱼在我国各地水域常年均有生产，以2～4月和8～12月的鲫鱼最为肥美。鲫鱼的分布范围很广，除西部高原地区外，广泛分布于全国各地。鲫鱼的适应性非常强，无论深水或浅水、流水或静水、高温水（32℃）或低温水(0℃)都能生存。即使在pH9的强碱性水域，盐度高达4.5%的达里湖，仍然能生长繁殖。

鲫鱼有很强的集群能力，从人类视角看，可算淡水鱼中智商较高的一种，且性格温和，有“鱼中君子”之美称。

目前，中国引进的外来鲫鱼品种只有原产于日本琵琶湖的白鲫。白鲫是一种大型鲫鱼，适应性强，能在不良环境条件下生长和繁殖，对温度、水质变化、低溶氧量等均有较大的忍受力。

市场上销售的鲫鱼品种较多，如何区分野生鲫鱼和养殖鲫鱼是个问题。我们可以参照下面的方法。

首先，看鱼的个体大小。一般养殖的鲫鱼上市规格比较大，尤其是选育和杂交的品种，个头会比较整齐；野生鲫多为大水体捕捞或垂钓而来，个头参差不齐且普遍偏小，往往只有养殖鲫鱼的一半大小。

其次，看鱼的体形。养殖的鲫鱼一般背脊隆起，身体较宽，而野生鲫鱼身体纺锤形非常明显，头较小。

再次，看鱼的体色。养殖的鲫鱼体色较浅，侧面以银白色的居多；野生的鲫鱼体色发浅黄，体表光亮。

鲫鱼味甘、性平，入脾、胃、大肠经，具有健脾、开胃、益气、利水、通乳、除湿之功效，是养生的绝佳补益食品。

石 斑 鱼

石斑鱼，又称石斑、鲙鱼，属鳍科石斑鱼属，是暖水性近海底层名贵鱼类。石斑鱼体椭圆形，侧扁，头略大，吻短而钝圆；嘴巴大，有发达的铺上骨；体披细小栉鳞，背鳍强大；体色可随环境变化而改变。石斑鱼成鱼体长通常在20～30厘米。

石斑鱼为雄雌同体，具有性转换特征，首次性成熟时全系雌性，次年再转换成雄性，因此，鱼群中的雄性明显少于雌性。石斑鱼一周龄性可成熟，怀卵量随鱼体大小而异，如青石斑鱼怀卵量15万～20万粒。石斑鱼是分批产卵，孵化后，幼鱼就在沿岸索饵生长。

石斑鱼喜栖息在沿岸岛屿附近的岩礁、沙砾、珊瑚礁底质的海区，一般不成群。栖息水层随水温变化而随时升降。石斑鱼为肉食性凶猛鱼类，常以突袭方式捕食底栖甲壳类、各种小型鱼类和头足类。

石斑鱼肉质肥美鲜嫩，营养丰富，深受人们的赞誉。活鱼运销港澳市场，被奉为上等佳肴，供不应求。由于备受欢迎，石斑鱼的价格昂贵，经济价值相对来说很高。

石斑鱼主要分布于福建沿海，其中经济价值较高且较为常见的种类有赤点石斑鱼、鲑点石斑鱼、云纹石斑鱼和网纹石斑鱼等。青石斑鱼因体色为青褐色，

故又称青斑，是福建产量较多的一种。

石斑鱼蛋白质含量高，脂肪含量低，除含人体代谢所必需的氨基酸外，还富含多种无机盐和铁、钙、磷以及各种维生素，对人体健康有极大的好处。石斑鱼鱼皮胶质里的营养成分，对增强上皮组织的完整生长和促进胶原细胞的合成有重要作用，被称为美容护肤之鱼，非常适合妇女产后食用。

鳝　鱼

鳝鱼，亦称黄鳝、罗鳝、蛇鱼，属合鳃鱼目合鳃鱼科黄鳝属。鳝鱼体细长呈蛇形，体前圆后部侧扁，尾巴尖细；头长而圆；上颌稍凸出，唇颌发达。上下颌及口盖骨上都有细齿。眼睛很小，被一薄皮所覆盖；左右鳃孔于腹面合而为一，呈V形。

鳝鱼体表附有润滑性的液体，没有鳞片。没有胸鳍和腹鳍；背鳍和臀鳍退化仅留皮褶，无软刺，都与尾鳍相联合。鳝鱼身体大多呈黄褐色、微黄色或橙黄色，有深灰色斑点，也有少许鳝鱼是白色的，俗称“白鳝”。

鳝鱼鳃不发达，借助口腔及喉腔的内壁表皮作为呼吸的辅助器官，能直接呼吸空气；在水中含氧量十分贫乏时，也能生存。为热带及暖温带营底栖生活的鱼类，适应能力强，在河道、湖泊、沟渠及稻田中都能生存。日间喜在多腐殖质淤泥中钻洞或在堤岸有水的石隙中穴居。白天很少活动，夜间出穴觅食。

鳝鱼是以各种小动物为食的杂食性鱼类，性贪，夏季摄食最为旺盛，寒冷季节可长期不食，而不至于死亡。

鳝鱼有时候还真有点儿“隐士”气度，没有特殊的攻击本领，也无强有力的防御武器，唯一的技能是“三十六计，逃为上计”。它既没有胸鳍，也没有腹鳍，就是背鳍和臀鳍也退化得仅留下一点点皮褶，鳞片消失得肉眼都难以看见。可是鳝鱼全身能分泌出非常油滑的黏液，一不小心，它就能从手中溜之大吉。

鳝鱼胚胎发育到第一次性成熟时为雌性，从第二次性成熟开始时它又变成

雄性。这就是说，黄鳝在一生中既当妈又当爹。这种阴阳转变过程，在生物学上称为性逆转。

鳝鱼广泛分布于亚洲东南部，中国除西部高原外，全国各水域都有出产。特别是我国珠江流域和长江流域，更是盛产鳝鱼的地区；国外则主要分布在朝鲜西部、日本南部、印度尼西亚爪哇岛、菲律宾及缅甸等地区或国家。

鳝鱼中含有丰富的DHA和卵磷脂，它是构成人体各器官组织细胞膜的主要成分，而且是脑细胞不可缺少的营养。根据美国试验研究资料，经常摄取卵磷脂，记忆力可以提高20%。因此食用鳝鱼肉有补脑健身的功效，再加上它含脂肪极少，又含有特种物质“鳝鱼素”，能降低血糖和调节血糖，对糖尿病有较好的治疗作用，因而是糖尿病患者的理想食品。

第四节 濒危鱼类

中 华 鲟

中华鲟，又叫鲟鱼、鳇鲟、黄鲟、鳇鱼、鲟鲨、大癞子、着甲、腊子、覃龙等，属硬骨鱼类鲟形目，是我国长江地区的濒危鱼类。

中华鲟身体长梭形，吻部犁状，基部宽厚，吻端尖，略向上翘；口下位，成一横列，口的前方长有短须；眼细小，眼后头部两侧各有一个新月形喷水孔，全身披有棱形骨板5行；尾鳍为歪形尾，上叶特别发达。中华鲟鱼属世界27种鲟鱼之冠，个体硕大，形态威武，长可达4米多，体重逾千斤。

中华鲟生理结构特殊，既有古老软脊鱼的特征，又有现代诸多硬骨鱼的特征。它形近鲨鱼，鳞片呈大形骨板状；鱼头为尖状，口在颌下。从它身上我们可以看到生物进化的某些痕迹，所以被称为水生生物中的活化石，具有很高的科研价值，是长江中的瑰宝。

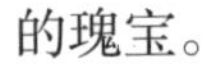

中华鲟是世界现存鱼类中最原始的种类之一。远在公元前1 000多年的周代，我国劳动人民就把中华鲟称为王鲔鱼。鲟类最早出现于距今2.3亿年前的早三叠世，一直延续至今，生活于我国长江流域，别处并没有发现。

中华鲟是一种海栖性的洄

游鱼类。每年9～11月，由海口溯长江而上，到金沙江至屏山一带进行繁殖。孵出的幼仔在江中生长一段时间后，再回到长江口育肥。每年秋季，当中华鲟溯江生殖洄游时，在各江段都可捕到较大数量的中华鲟，故有“长江鱼王”之称。

成体的中华鲟体大而重，雄体一般重68～106千克，雌体130～250千克，据称，最高记录竟达500千克。中华鲟产卵量也很大，一条雌鲟一次可产百万粒鱼子，只是成活率不高，因为长江水流较急，再加上其他各种敌害的侵袭，导致最后能完全“成鱼长大”的中华鲟少之又少。

实际上，这是动物在进化过程中生殖适应的结果。凡在个体发育过程中幼子损失大的种类，下子则多；反之，则少。这不是“上帝”的安排，而是那些下子少、损失又大的种类在历史的长河中被淘汰了。

中华鲟虽然个体庞大，但摄食却很“斯文”。只以浮游生物、植物碎屑为主食，偶尔吞食小鱼、小虾。近年来由于对中华鲟捕捞过多，加之此鱼繁殖率低、成熟期长（10年左右），其种群数量已日趋减少。

为使这种我国特产的“活化石”免遭灭顶之灾，国家已把中华鲟列为保护对象，不过，有些具体问题仍有待解决。譬如长江葛洲坝水利枢纽建成后，切断了中华鲟生殖洄游的通道，以致那些大腹便便的雌鲟被阻于坝下而丧生。据悉，有关中华鲟的人工繁殖和放流工作已试验成功。如若通过具体实践使中华鲟能在淡水中定居并繁衍后代，那就更有现实意义了。

达　氏　鲟

达氏鲟是一种淡水定居性鱼类，常在江河中下层活动，喜栖息于流速较缓、富腐殖质和底栖生物的沙质底或卵石碛坝的河湾中，生长速度较快，一般体长0.8～1.0米，体重5～10千克，是国家一级重点保护野生动物。

达氏鲟体长呈梭形，头呈楔形，背面粗糙。吻较短，前端尖细。口下位，横裂，唇具小乳突。吻腹面具须2对，眼小（较中华鲟相对为大）。鼻孔、鳃孔均大。鳃盖膜与鳃峡相连，左右鳃孔分离。

外形与中华鲟相似，但成鱼体长较短，体重较轻。鳃耙呈三角形薄片状，33～54枚。体背及侧面青灰色，腹面灰白色，鳍青灰色，边缘白色。

达氏鲟常在江河中下层活动，在长江湖南岳阳段以上至金沙江下游较常见，亦进入大型湖泊。尤喜栖息于流速较缓、富腐殖质和底栖生物的沙质底或卵石碛坝的河湾中。

达氏鲟生长速度较快。生殖群体雄性4～7岁、雌性5～8岁达性成熟，一般体长0.8～1.0米，体重5～10千克。产卵季节在10～11月，少数延至12月。性成熟个体在繁殖季节上溯至上游、江河主河道产卵，卵为沉性和黏着性，卵黏着在产卵场的石砾滩底发育。食性以底栖无脊椎动物为主，也食水生植物、藻类和腐殖质等。幼鱼以水生寡毛类、蜻蜓幼虫、双翅目幼虫、摇蚊幼虫和小鱼等为食；较大幼鱼和成鱼以腐殖质和底栖无脊椎动物为主食，产卵期一般停食。

达氏鲟是产于长江上游的大型经济鱼类，天然产量不大，而在产区的渔业中尚占有一定位置。近20年来，数量大减，处于濒危状态。目前已受到长江上游各省区的重视，与中华鲟同样受到有效保护。

秦岭细鳞鲑

秦岭细鳞鲑，又叫细鳞鲑、细鳞鱼、梅花鱼、花鱼、五色鱼、金板鱼、闾花鱼、闾鱼，属鱼纲鲑形目鲑科细鳞鲑属。秦岭细鳞鲑的鱼体纺锤形，稍侧扁；头钝，头背部宽坦，中央微凸；吻不凸出或微凸；下颌较上颌略短，上颌骨后端达眼中央下方；鳞片细小，侧线完全、平直；背鳍短，外缘微凹；脂鳍与臀鳍相对；腹鳍后伸不达肛门，鳍基部具1长腋鳞；尾鳍叉状。它们的体背部呈暗褐色，体侧至腹部渐呈白色，体背及两侧散布有长椭圆形黑斑，斑缘为淡红色环纹，沿背鳍基及脂鳍上各具4～5个圆黑斑。

在我国，秦岭细鳞鲑主要生活于秦岭地区的渭河上游及其支流和汉水北侧支流湑水河、子午河的上游，水流湍急、水质清澈、水底多为大型砾石处。秋末，它们会在深水潭或河道的深槽中越冬。

秦岭细鳞鲑为肉食性鱼类，幼鱼主要以水生无脊椎动物为食，成鱼除摄食鱼类外，也吃被风吹落的陆生昆虫。细鳞鲑的摄食时间多集中于早晚前后，阴天摄食活动频繁，全天均可见到。

由于自然和人为因素的双重影响，漳县、岷县和渭源县秦岭细鳞鲑等野生鱼类生态环境日趋恶化，面临的形势令人忧虑。一方面，随着全球性气候变暖及乱垦乱伐、乱挖滥采使草地、森林植被遭受严重破坏，水资源锐减，境内许多溪流和山泉干涸，河流水量减少，秦岭细鳞鲑等鱼类产卵场所受到破坏，自然繁殖受到影响，生存数量明显减少。另一方面，受经济利益的驱动，狂捕滥炸，资源利用过度，部分农民用电捕鱼器进行搜索式捕鱼，加上外地商人高价收购，严重破坏了秦岭细鳞鲑等野生鱼类资源，种群数量日趋缩小，生殖亲体出现退化趋势，朝小型化、低龄化方向发展。加之对野生鱼类资源保护的投入严重不足，管理手段落后，执法力量薄弱，野生鱼类资源已到了濒临枯竭的边缘，对渭河水系自然生态环境将产生十分不利的影响，特别对物种、社会、经济将会产生十分不利的影响。

长　身　鳜

长身鳜，又称长体鳜，俗称竹筒鳜、彩鳜、彩桂，属鲈形目鮨科长身鳜属。长身鳜体较细长，近似圆筒形，其长为高的5倍。头长，稍平扁。吻尖。眼中等大，邻近头背缘。口裂大，稍倾斜，下颌明显凸出；上颌达眼下方。两颌及犁、腭骨有尖齿，口闭合时下颌前端犬齿外露。鳃膜左右分离且不连于峡部，鳃耙退化为痕粒状。肛门近臀鳍。体被弱小的栉鳞。头及前腹面无鳞。侧线前端位较高，至尾柄处为侧中位。幽门盲囊5～10个。体黑褐

色，具不规则的黑斑，腹侧灰白色，各鳍黄色。

长身鱖为暖温带山溪鱼类，喜水体底质多石的清流水环境。为肉食性中小型鱼类，善游，以小鱼、小虾、水生昆虫等为食。最大体长约200毫米。长身鱖是我国东部的特产鱼类。广泛分布于长江以南的浙江、福建、江西、湖南、贵州和广西等地水域中。

长身鱖虽分布广，但数量不多。近年来人口骤增，捕食过多，加之水环境的枯竭和污染，导致其资源量急剧减少，现在已很稀少。

花 鳗 鲡

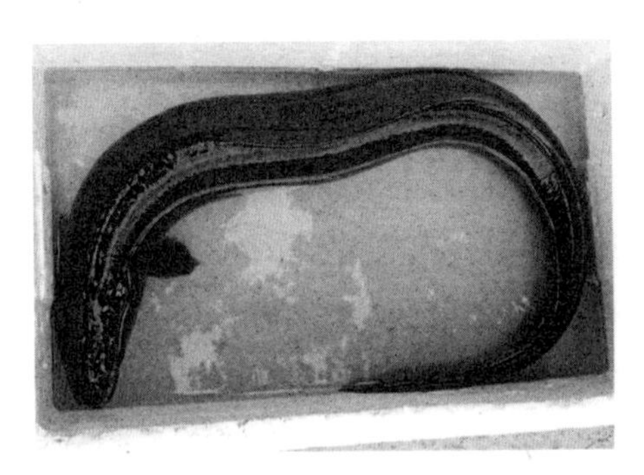

花鳗鲡属鳗鲡目鳗鲡科。它是鳗鲡类中体型较大的一种，体长一般为331～615毫米，体重250克左右，但最重的可达30千克以上。身体粗壮，腹鳍以前的躯体呈圆筒形，后部稍侧扁，总体看来身体延长呈棒状，很像硕大的鳝鱼，所以俗称“鳝王”。

花鳗鲡的头较长，呈圆锥形。口较宽，吻较短，尖而呈平扁形，位于头的前端，下颌凸出较为明显。舌长而尖，前端游离。口裂稍微倾斜，后延可以到达眼后缘的下方。上下颌及犁骨上均具细齿。唇较厚，上下唇两侧有肉质的褶膜。眼睛较小，位于头的侧上方，为透明的被膜所覆盖，距吻端较近。鼻孔有两对，前后分离，前鼻孔呈管状，位于吻端的两侧；后鼻孔呈椭圆形，位于眼睛的前缘。鳃发达，鳃孔较小而平直，沿体侧向后延伸至尾基的正中。

花鳗鲡的体表极为光滑，有丰富的黏液。背鳍、臀鳍均低而延长，并与尾鳍相连。胸鳍较短，近圆形，紧贴于鳃孔之后。没有腹鳍。肛门靠近臀鳍的起点。尾鳍的鳍条较短，末端较尖。鳞较为细小，各鳞互相垂直交叉，呈席纹状，埋藏于皮肤的下面。身体背部为灰褐色，侧面为灰黄色，腹面为灰白色。胸鳍的边缘呈黄色，全身及各个鳍上均有不规则的灰黑色或蓝绿色的块状斑点。体内的鳔有1个室，较厚。肠却较短，仅为其体长的0.3～0.4倍，脊椎骨有112～119枚。

花鳗鲡是一种典型的降河性洄游鱼类，性成熟后便由江河的上、中游移向下游，群集于河口处入海，到远洋中去产卵繁殖。孵出的幼体呈透明的柳叶状，俗称柳叶鳗，慢慢向大陆浮游，在进入河口前变成像火柴杆一样的白色透明鳗苗，俗称鳗线或玻璃鳗。然后再逆流而上，返回大陆淡水江河溪流中发育成长。生长、肥育期间，它栖息于江河、水库或山涧溪谷等环境中，尤以水库中为多。白天通常隐居在洞穴之中，夜间外出活动，捕食鱼、虾、蟹、蛙及其他小动物，也食落入水中的大动物尸体。能到水外湿草地和雨后的竹林及灌木丛内觅食。它可以较长时间离开水中，所以有时还在夜晚登上河滩，在芦苇丛中捕食青蛙、鼠类等较大的动物，故有芦鳗之称。每到冬季降雪时，也常见它在岸边浅滩等处活动，因而又称雪鳗。

由于工业有毒污水对河流的严重污染和捕捞过度，以及毒、电渔法对鱼资源的毁灭性破坏，拦河建坝修水库及水电站等阻断了花鳗鲡的正常洄游通道等原因，致使花鳗鲡的资源量急剧下降，已难见其踪迹，所以花鳗鲡是濒危物种，为国家二级重点保护野生动物。

大 头 鲤

大头鲤的体型与鲤鱼十分相似，但头部较宽大，体型似鲤，所以得名“大头鲤”。大头鲤尾柄细长。体长9～12厘米，最大体重可达2千克。头特别大而宽，头长大于体高和背鳍基长；头背宽而平坦。口阔且大，亚上位，弧形，口裂显著倾斜，口宽大于吻长，无须。鳃耙排列甚细密，在48个以上，其长度超过鳃丝长。鳞大，侧线鳞34～37个。背鳍和臀鳍均具带细锯齿的硬刺。背、腹鳍起点相对或背鳍稍长，背鳍基长，鳍条短，外缘深凹，胸、腹、臀鳍均大；胸鳍达腹鳍。尾鳍下叶为橘红色。背鳍的起点大约与腹鳍相对，距尾鳍的基部比距吻端的距离略近。背鳍和臀鳍硬刺的后缘均具锯齿，尾鳍呈深叉状。

大头鲤喜欢生活在水深而水质较清澈的水体中上层，对恶劣环境耐受力差，若水质混浊或离开水体则易死亡。性活跃，游泳迅速。食性较单一，大小个体的食性差异不大，几乎均以大型浮游动物的枝角类和桡足类为食；有时也杂食些硅藻、丝状藻和龟甲轮虫等，但数量很少。

大头鲤生长速度较慢，各龄鱼体的平均年增长量约60毫米。最大个体重2千克，通常在一龄鱼中已有50%的个体性成熟，体重52克，而雄性体长仅117毫米，体重32克。大头鲤分批产卵，通常分为两批，两批之间相隔7天。每批产卵3天，过7天再产第二批卵。产卵期为5～6月，卵通常在晴天拂晓3～5点产于水下1～2米处，产黏性卵，卵黏附于水生管束植物上。

大头鲤为我国特有种，仅分布于云南星云湖和杞麓湖。在20世纪50～60年代曾为产区的主要经济鱼类，在两个湖的鱼产量中，占极大优势，曾占总产量的70%左右。自70年代引进鲢、鳙，与大头鱼产生食物竞争；在引种时又带来了鰕虎鱼、鳑鲏、麦穗鱼等小型野杂鱼，这些鱼生命力强，且大量吞食鱼卵；再则湖泊水位下降，水草减少而破坏了产卵场；长期滥捕；大头鱼自身抗病力弱，生长缓慢，适应环境差等综合因素，导致资源的锐减。大头鲤属国家二级重点保护野生动物。

胭 脂 鱼

胭脂鱼，俗称火烧鳊、红鱼、血排、粉排、黄排、木叶盘、紫鳊、燕雀鱼，属鲤形目亚口鱼科胭脂鱼属。胭脂鱼的鱼体侧扁，背部在背鳍起点处特别隆起；吻钝圆；口小，下位，呈马蹄形。唇厚，富肉质，上唇与吻皮形成一深沟；下唇向外翻出形成一肉褶，上下唇具有许多细小的乳突。没有须；下咽骨呈镰刀状，下咽齿单行，数目很多，排列呈梳状，末端呈钩状；背鳍无硬刺，基部很长，延伸至臀鳍基部后上方；臀鳍短，尾柄细长，尾鳍叉形；鳞大，侧线完全。

胭脂鱼在不同的生长阶段，体型变化也较大。幼鱼期体长1.6～2.2厘米，为体高的4.7倍；稍长大，在幼鱼期，体高增大，体长12～28厘米时，体长为体高的2.5倍；成鱼期体长为58.4～98厘米时，体长约为体高的3.4倍，此时期体高增长反而减慢。

胭脂鱼的体色会随着个体

大小的变化而变化。幼鱼阶段，胭脂鱼的鱼体呈深褐色，体侧各有3条黑色横条纹，背鳍、臀鳍上叶灰白色，下叶下缘灰黑色。成熟个体体侧为淡红色、黄褐色或暗褐色，从吻端至尾基有一条胭脂红色的宽纵带，背鳍、尾鳍均呈淡红色。

胭脂鱼的幼、成鱼不仅形态不同，生态习性也不相同。胭脂鱼的鱼苗和幼鱼阶段常喜群集于水流较缓的砾石之间生活，多在水体上层活动，游动缓慢；半长成的鱼则习惯于栖息在湖泊和江的中下游，水体中下层，活动迟缓；成鱼多生活于江河上游，水体的中下层，行动矫健。

胭脂鱼主要分布在长江、金沙江等地，食料以无脊椎动物和昆虫幼虫为主，它们吃水底的有机物质，还常在水底砾石上吸食附着的硅藻及植物碎片。

第三章

两栖动物

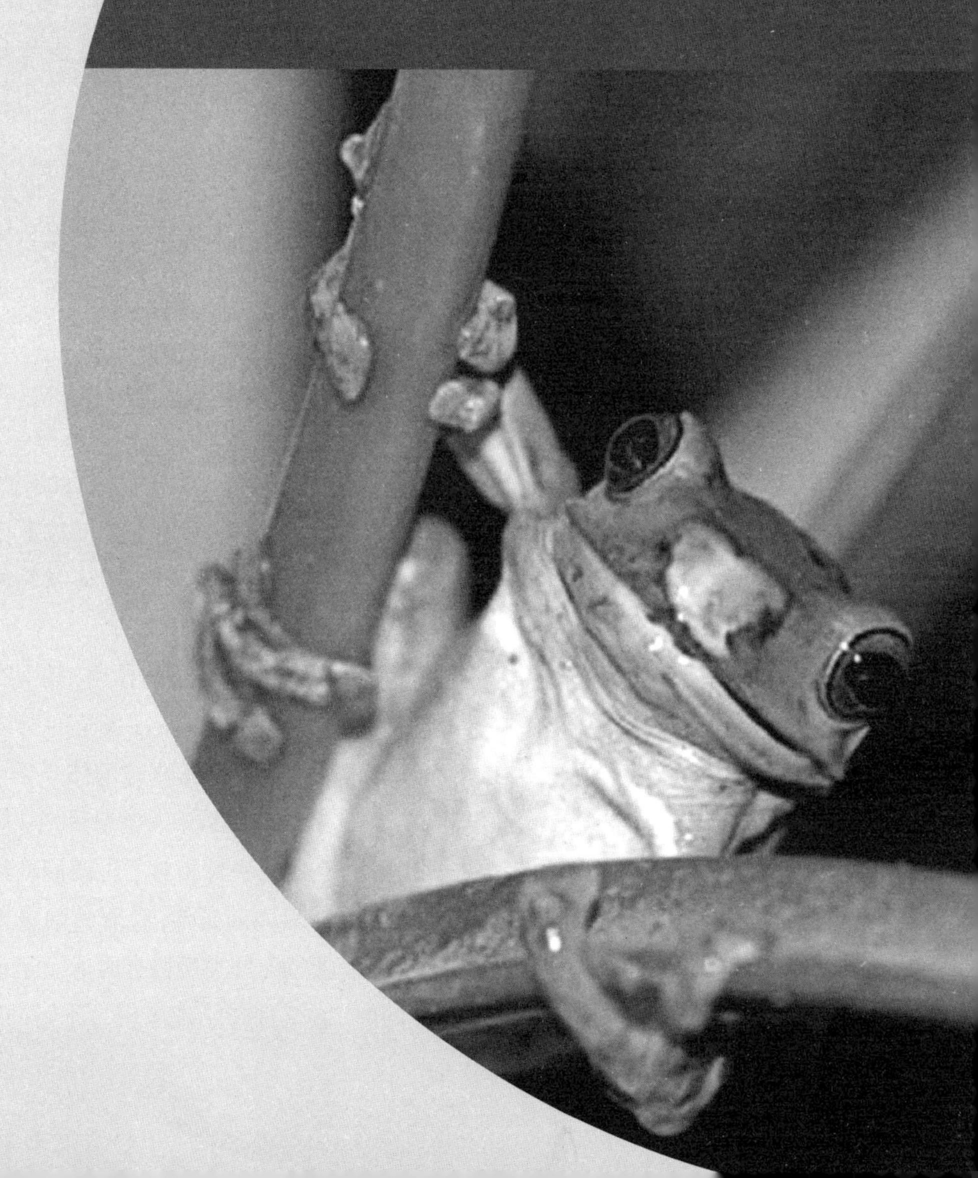

第一节 两栖动物概述

两栖动物是最原始的陆生脊椎动物，既有适应陆地生活的新的性状，又有从鱼类祖先继承下来的适应水生生活的性状。多数两栖动物需要在水中产卵，发育过程中有变态行为的出现，幼体（蝌蚪）接近于鱼类，而成体可以在陆地生活。有些两栖动物进行胎生或卵胎生，不需要产卵，有些从卵中孵化出来几乎就已经完成了变态，还有些终生保持幼体的形态。

最初的两栖动物产生于古生代的泥盆纪晚期。出现得最早的两栖动物牙齿上有迷路，因此被称为迷齿类。而在石炭纪时代则出现了牙齿没有迷路的壳椎类，这两类两栖动物在石炭纪和二叠纪非常繁盛，在二叠纪结束时，壳椎类已经全部灭绝，迷齿类也只有少数在中生代继续存活了一段时间；随着时间的迁徙进入中生代以后，就出现了我们目前所见到的现代型两栖动物，它们皮肤裸露而光滑，被称为滑体两栖类。然而在遥远的古生代，两栖动物却是披盔戴甲，迈着沉重的脚步，体态笨拙地走在古大陆的土地上的。我们今天所看到的各种两栖类，其实就是由古两栖动物中的一支——滑体两栖类成功演化而来的。

滑体两栖类动物的皮肤可以起到呼吸的作用，其中有些两栖动物甚至没有肺而只靠皮肤呼吸。迄今所知最早的滑体两栖动物，是已经有2.4亿年高龄的三叠蛙。三叠蛙的体长约10厘米，拥有典型的蛙类特征，但其出现的年代（三叠纪早期）却又如此之早，不得不令人称奇。三叠蛙的头骨相对于古两栖动物来讲已经逐渐简化，腰带中的髂骨明显向前延伸，胫腓骨则合为一体并伸长，这些特征表明三叠蛙已经向蛙类所特有的适应于跳跃生活的方向发展。但与此同时，它又保持了许多较为原始的特征，如前肢仍保留有5趾，脊椎骨的数目较多，尾部由若干脊椎组成，而不是蛙类特有的愈合为一根的尾杆骨。

两栖类中的有尾目和无足目出现得相对较晚，有尾目出现在侏罗纪时代，而无足目到了新生代初期才有可靠的记录。不过无足目特征比较原始，可能在更早的时候便已经起源。

现代的两栖动物种类并不少，超过4 000种，分布也比较广泛，但其多样性远不如其他陆生脊椎动物，只有3个目，且只有无尾目种类繁多，分布广泛。每个目的成员也大体有着类似的生活方式。从食性上来说，除了一些无尾目的蝌蚪食植物性食物外，均食动物性食物。两栖动物虽然也能适应多种生活环境，但是其适应力远不如更高等的其他陆生脊椎动物，既不能适应海洋的生活环境，也不能生活在极端干旱的环境中，在寒冷和酷热的季节则需要冬眠或夏蛰。

第二节
两栖动物的特征

由于栖息环境和生活方式的不同，两栖动物的外部形态差异较大。一般来说，可以分为三种类型。

第一种类型为水栖种类，有长的身体和发达的尾部，前后肢的发育大致相同，常呈蝾螈型，如大鲵等。

第二种类型为半水栖种类，身体粗短，后肢长而强大有力，没有尾部，为蛙型，如各种蛙类。

第三种类型为穴居种类，呈蠕虫型，身长似蚯蚓，四肢退化，几乎没有尾部，如无足类（蚓螈类）等。

现代型两栖动物皮肤通透性强，裸露且湿润，起到了调控水分、交换气体的作用；而且两栖动物的皮肤布满多细胞黏液腺，与表皮下的内微血管在湿润状态下成为肺的辅助器官。

现代型两栖动物拥有内鼻孔，即连接内外鼻孔的鼻道，除了关乎嗅觉外，还是肺呼吸必备的关键性结构。另外，它们还生有保护眼睛的眼睑和泪腺，有捕猎食物的肉质舌以及湿润舌面的颌间腺。在听力方面，现代型两栖动物有中耳发生，耳盖骨与耳柱骨形成本纲所特有的复合结构，通过中耳可将声波传导到内耳；耳柱骨与鱼类的舌颌骨是同源器官。

大多数蛙类、蟾蜍和蝾螈都有良好的视力。洞穴蝾螈因长期生活在黑暗的环境中，逐渐丧失了眼睛的功用，但陆地生活的蝾螈都有良好的视力，用以发现行动缓慢的猎物。蛙的眼睛很大，因而它们能注意到危险并发现猎物。许多两栖动物都有极灵敏的听力，能帮助它们分辨求偶的鸣声和正在靠近的敌害发出的声音。

大多数成年两栖动物能通过皮肤和肺呼吸。它们皮肤下的黏液能保持其体表的湿润，让氧气较轻易地通过。大约200种蝾螈没有肺，它们的呼吸只能通过皮肤和嘴进行。而两栖动物的幼体要通过鳃呼吸。这些鳃的表面多是肉质的，呈羽毛状，且有良好的血液供应，便于从水中获取氧气。

两栖动物有五种主要的感觉：触觉、味觉、视觉、听觉和嗅觉，它们能感知紫外线和红外线，以及地球的磁场。通过触觉，它们能感知温度和痛楚，能对刺激做出反应。它们可以通过一种叫侧线的感觉系统感知外界水压的变化，了解周围物体的动向。如蝾螈，其头上有感觉触须，可以帮助它们嗅出和发现周围道路的情况。

两栖动物的舌头终端分叉，机动灵活，能伸出口腔很远的距离。其舌头不断地伸出又缩回，是为了尝试味道。只要获取极微量的物质，两栖动物就能对此进行"微量分析"，探实猎物的踪迹、水源以及在发情期找准伴侣。因此，两栖动物的舌头成为一个敏感的分析仪器。两栖动物的舌头除了能辨别食物味道外，还有捕食的功能。比如，青蛙的舌头根部着生在口腔底部的前端，舌尖分叉，表面布满黏液。平时，它将舌头卷曲在口腔里面，当见到食物时，舌头就会像子弹一样弹射而出，迅速地把食物卷进口内，且百发百中。

两栖动物以各种不同的方式移动。无腿蚓螈在软地里挖洞，它们的头肌肉强壮，推动身体，像鱼游泳一样左右弯曲进入地下。有些生活在林中的青蛙能在空中短距离滑翔。滑翔时它们展开手指间和脚趾间的蹼，蹼就像是小降落伞，使青蛙慢慢下落，在空中停留较长时间。大部分时间生活在地面上的水螈和蝾螈站立时两脚分得很开，行走时身体左右弯曲以便使每一步尽可能长。水中的水螈很少用腿，它们游泳时整个身体呈S形前进，有点像鱼或穴居蚓螈。两栖动物的幼体左右甩动尾巴游泳。

第三节 两栖动物的常见家族成员

虎 纹 蛙

虎纹蛙是生活在我国南方稻田中个体最大的一种蛙。雌蛙最大身长为15厘米，体重可达250克。它身上布满不规则的深色斑纹，四肢上的斑纹尤为清晰明显，犹如老虎身上的斑纹，因此而得名。

虎纹蛙皮肤较为粗糙，背部黄绿色略带棕色，有十几行纵形长疣，其间还散布有大小不一的疣粒。

虎纹蛙喜欢躲在池边草丛或水草中，发出急促响亮的“汪-汪-汪”的叫声，有点像犬吠，这种蛙生性羞怯。除了捕捉昆虫等无脊椎动物外，虎纹蛙能吃下金线蛙等中小型蛙类，年幼时（蝌蚪）常会吃掉鱼苗，因此它们十分不受渔场主的欢迎。

我国各地都有食用蛙类的习惯，虎纹蛙因体大肥硕更是难以逃脱人类的捕杀，野外数量已急剧减少，资源受到了严重破坏。在我国所有蛙类中，唯有虎纹蛙被列为国家二级重点保护野生动物。

老 爷 树 蛙

老爷树蛙即白氏树蛙。它体态肥胖可爱，生命力强。和其他两栖类动物一样，老爷树蛙的皮肤会分泌一些含有微毒的液体，一般不足以伤害人类，但可能会对皮肤敏感者有所影响。

老爷树蛙的体色多变，由暗淡的灰色至鲜艳的青蓝绿色。有一双又大又黑的眼睛和一个大大的口，腹部呈米黄色，一般体态肥胖，成年时更甚，有时会用四肢爬行。喜欢居住在潮湿的树林里，部分扩至人类居住的郊区，有时可于洗手间、浴室等较潮湿的地方发现。野外主食多种昆虫，只要能够塞进口中的动物也会吃，包括同类的幼体。

非洲巨蛙

非洲巨蛙可能是蛙类家族中个头最大的一类，一只成年雄蛙体重足有3千克，身长约30厘米，若是将它的两腿拉开，身长可达1米多。据说，只有苏里南的“比法马里尼”蟾蜍可与之相比。这种罕见的蛙类正面临灭绝的危险，它已被列入华盛顿条约规定的禁止国际交易的濒危物种红色名单。

非洲巨蛙生活在喀麦隆南部以及赤道几内亚北部炎热潮湿的原始森林和大河中。生活环境十分特别，只有在热带森林（年平均温度25～29℃）才能生存。近30年来，由于附近的村民砍伐森林和开荒种田，致使非洲巨蛙生活的环境遭到严重破坏；在另外一些地区，河水受到污染；尤其是人们的大肆捕杀，非洲巨蛙正面临灭顶之灾。

巨蛙面临灭绝的原因很简单，人们愈是砍伐森林，森林里可供食用的猎物就愈少。那些在传统上依靠捕猎生活的人们，不得不把眼睛转向巨蛙。这种蛙肉的味道鲜美至极，不仅当地人捕食巨蛙，在雅温得和杜阿拉等大城市，食用巨蛙甚至成为一种时尚，宴会上少不了这道菜。此外，非洲巨蛙的非法买卖也很盛行。当地人捕捉巨蛙除了自己

食用外，还拿到市场上出售。巨蛙的贩卖非常有利可图，一只2千克重的蛙可卖2 000 ～ 3 000非洲法郎（约合4美元），若是一只个头更大的雄蛙，售价可达8 000非洲法郎。

非洲巨蛙同其他蛙类一样，采用体外受精的办法进行繁殖。成年雌蛙一般每年旱季（12月至次年4月）在陡峭的岩壁和河岸上产卵，而后雄蛙来给蛙卵受精。现在的情况是，这种蛙类往往还没长到繁殖期就已被人类捕捉了。

白蛙的弹跳能力很强，可以跳5米多高。20世纪80年代，美国从非洲大量进口巨蛙进行“跳高比赛”，由于远途运输，一半以上的巨蛙在路上死亡。尽管现在这种国际交易已被禁止，但仍有一些非法交易偷偷进行。

林　蛙

林蛙，俗称雪蛤，又称红肚蛤蟆。是生长于中国东北长白山林区的一种珍贵蛙种。“雪蛤”本是中药学上对中国林蛙中雌蛙输卵管的一种称呼。由于这种蛙类冬天在雪地下冬眠100多天(从每年11月初到次年4月初)，故称雪蛤。

林蛙的神奇之处在于它独特的生长环境和顽强的生命力。钟毓灵秀的长白山赋予林蛙天地之精华，严冬酷寒的自然环境造就了林蛙极强的生命力。所以，林蛙有自然界“生命力之冠”的美称。每年秋季，正是林蛙储存能量准备冬眠的时候，也是林蛙生命力最强之时，尤其是雌林蛙的输卵管（雪蛤）更是聚集了来年繁殖后代的所有营养，此时的雪蛤，其滋补功能更是无与伦比。

实际上，雪蛤作为养颜补品的功效已广为人知。其性味咸平，不躁不火，含有大量的蛋白质、氨基酸、各种微量元素和少量有益人体的激素，尤其适合作为日常滋补之品。

棘　蛙

蛙科中的大多数成员皮肤光滑，最多是长些疙瘩式的疣粒，殊不知蛙类中

还有浑身带刺者，这就是蛙科中的棘蛙。

所谓“刺”，只不过是皮肤肉疣上生长的黑色棘刺，摸上去并无刺痛感，更不会被其刺伤。棘刺的分布状况依种类而异：咽喉及胸部长满疣刺的叫棘胸蛙；胸腹部满布大小黑刺疣的叫棘腹蛙；胸部有两团对称刺疣的叫双团棘胸蛙。

棘蛙体大而肥壮。体长9～12厘米，体色较为暗淡，杂以不规则的黑色斑纹。它们的皮肤更为粗糙，背面有成行排列的窄长疣，眼间常有一条暗色横纹。与其他蛙类不同的是，雄蛙体型比雌蛙大，而且只有雄蛙身上才有刺。

中国有17种，而且多为特有种，分布于四川、云南、贵州、湖北、湖南、江西、广西、甘肃、陕西、西藏等省区。

棘蛙多栖息于山区的溪岩边，夜间活动，捕食各种昆虫及小型无脊椎动物。棘蛙大多体大肉多，为珍稀佳肴，有治疗疳积、病后虚弱等疗效。目前，国内已建立了棘蛙类的养殖场进行繁育。

蟾　　蜍

蟾蜍科的动物大约有250种，分布在除了澳大利亚和马达加斯加岛等海岛以外的世界各地，目前澳大利亚也引入了蟾蜍。大部分蟾蜍都生活在陆地上，栖身地洞内，但也有部分必须生活在水中或树上。

蟾蜍虽然在陆地生活，但产卵时必须找一个合适的水塘，雄性负责寻找合适的水体，雌性被其叫声吸引。雌雄蟾蜍经过抱对进行体外受精，并将卵产在水中。卵在水中发育成蝌蚪，以水藻为食，成体捕食昆虫、蜗牛等。蟾蜍一般为夜行性动物，冬季在泥底冬眠。

蟾蜍是众所周知的一种药用价值很高的经济动物。它全身是宝，蟾酥、干

蟾、蟾衣、蟾头、蟾舌、蟾肝、蟾胆等均为名贵药材。

蟾酥是蟾蜍的耳后腺、皮肤腺分泌的白色浆液制成的干燥品，是珍贵的中药材，里面含多种生物成分，有解毒、消肿、止痛、强心利尿、抗癌、麻醉、抗辐射等功效，可治疗心力衰竭、口腔炎、咽喉炎、咽喉肿痛、皮肤癌等。目前德国医学家们已将蟾酥制剂用于临床治疗冠心病，取得了良好的疗效；日本生产的“救生丹”也是以蟾酥为原料制作而成的。我国著名的六神丸、梅花点舌丹、一粒牙痛丸、心宝、华蟾素注射液等50余种中成药中都有蟾酥的成分。

蟾蜍除去内脏的干燥尸体为干蟾皮，性寒，味苦，可用于治疗小儿疳积、慢性气管炎、咽喉肿痛、痈肿疔毒等症。近年来蟾蜍主要用于多种肿瘤或配合化疗、放疗治癌。不仅提高了对癌症的治疗效果，还可减轻药物对人体的副作用，改善血象。

蟾蜍壳是蛤蟆蜕下的角质衣膜，俗称“蟾衣”。《本草纲目》中称之为“蟾宝”，具有扶正固本，攻坚破淤，抗癌消肿之神效，在民间素有治疗肿瘤、乙肝、腹水等疑难杂症的“秘方”之美称。

据民间应用调查，蟾衣有清热、解毒、消肿止痛、镇静、利尿、壮阳、抗感冒病毒的功效，并对肝腹水、癌症有显著效果，还能使乙肝大三阳、小三阳转阴。在治疗各种疾病的同时，对蟾衣的合理利用还能迅速有效地使人体体质增强、免疫功能提高，促进人体代谢的平衡能力。

此外，蟾蜍的头、舌、肝、胆均可入药；同时蟾蜍的肉质细嫩，味道鲜美，还是营养丰富的保健佳肴。

海　　蟾

海蟾，又名大蟾或巨蟾，被认为是世界上最大的蟾蜍，所以它也被称为“蟾中之王”。海蟾很壮实，头很大，呈棕色或褐色杂以深色斑块，腹面乳白色，主要以其他蛙类和蟾蜍为食。

海蟾的体长可达25厘米左右。海蟾主要分布在中南美地区，在西印度群岛、夏威夷群岛、菲律宾群岛、巴布亚新几内亚、澳大利亚以及其他的热带地区也可以见到它的足迹。

海蟾是很多害虫的天敌，它胃口非常好，也许正是这个原因，在很多热带的甘蔗林里，海蟾是最受蔗农们欢迎的朋友。又因为海蟾的自我保护能力很强，所以海蟾在世界上的生存量非常大，它超强的自我保护能力源于分布在它皮肤表面的“大疙瘩”，这种疙瘩能分泌一种有毒的液体，凡吃它的动物，一咬上口，马上产生火辣辣的灼伤感觉，不得不将它吐出来。

海蟾的繁衍能力也很强，一只雌海蟾一年可以产卵3.8万枚，几乎是两栖动物之中产卵最多的动物，尽管它的蝌蚪只有1厘米长，但并不影响它“蟾中之王”的地位。

雷 山 髭 蟾

雷山髭蟾仅分布于我国贵州（雷公山），为我国特有物种。体长69～93毫米，体肥壮；头扁平，头宽大于头长；吻宽圆，略凸出下唇；吻棱明显；雄蟾上唇缘每侧各有2枚粗壮黑色角质刺，繁殖季节后角质刺逐渐脱落；鼓膜略显；上颌有齿，无犁骨齿；舌宽大，后端缺刻深；前臂及手长超过体长之半，指细长而末端圆。后肢短，胫跗关节向前达肩部，左右跟部不相遇；生活时体背蓝棕色，散布大小黑斑；四肢有黑横纹；眼球上半部呈浅绿色；下半部为深棕色。

每年11月，成蟾常集中在水流平缓、石块很多的生境中抱对产卵，雌蟾产卵后离水营陆地生活。卵群圆环状或片状，粘连在石上。蝌蚪底栖，2～3年变成幼蛙。

一般会生活于山地溪流附近的草丛、树洞、石缝等处，栖息于海拔1 100～1 500米的山溪附近阔叶林中，主要陆栖，以昆虫为食。

铃　蟾

无尾目盘舌蟾科的1属通称铃蟾，是一种比较原始的蛙类。肩带弧胸型；有3对短肋；椎体后凹型。

目前世界上有6种，分布于欧洲和亚洲东部，从寒温带至热带北缘，呈断裂分布。中国有4种，其中东方铃蟾分布最广，包括华北、苏北、东北等地。其余3种分别产于四川、云南、贵州、湖北、广西等地。

铃蟾科的动物，舌呈圆盘状；蝌蚪口部周围有唇乳突，有角质齿，每排由2～3行小齿组成，出水孔位于腹中部；属于有角齿腹孔型。背面皮肤极粗糙。吻端圆而高，瞳孔心形或圆形。

铃蟾的整个腹面颜色极为醒目，橘红或橘黄与黑色相间，掌部橘红色。多栖息于山溪、沼泽及其附近。在繁殖季节进入水塘或泥坑，成蟾行动迟缓，多爬行。

当受惊扰或遇敌害攻击时，铃蟾会将头和四肢向背面翘起，显露出醒目的橘红色和黑色斑块，作假死状。2～3分钟后恢复原态逃逸，每年5～7月是其产卵繁殖的季节。

铃蟾在系统发生上与滑蟾科最为接近，原始性状明显。分布区现多限于古北界，仅个别属例外。

东方铃蟾的卵产于山溪水凼内石下；大蹼铃蟾的卵产于沼泽地水凼或泥塘内，卵群成串悬于水内枯枝或水草上，有的单粒沉于水底。蝌蚪适于底栖，头体短圆，尾弱，尾鳍高。欧洲产的红腹铃蟾可生活20年。

大花角蟾

大花角蟾，别名老阿阿，分布于我国云南（景东、永德），生活在云南景东无量山海拔1 400～2 100米的中山阔叶林带的山溪中和永德大雪山的山溪中。

大花角蟾是大型种，雄蟾体长89～96毫米，雌蟾93～115毫米。头顶部略凹，头宽大于头长。吻钝圆，吻棱明显，颊部垂直，鼓膜隐蔽。舌大，后端有缺刻。前臂及手长不到体长之半，后肢长而壮。雄性体长90毫米，雌性110毫米左右。背面皮肤光滑，体侧有少数圆疣，肛门周围有小疣粒，咽部有许多深色痣粒。背面紫棕色，头后有不规则的棕红色斑纹，体侧灰黄色，腹面灰黑色，胸腹部的斑点较大，周围有浅色边缘，且腹部后端无大斑点。

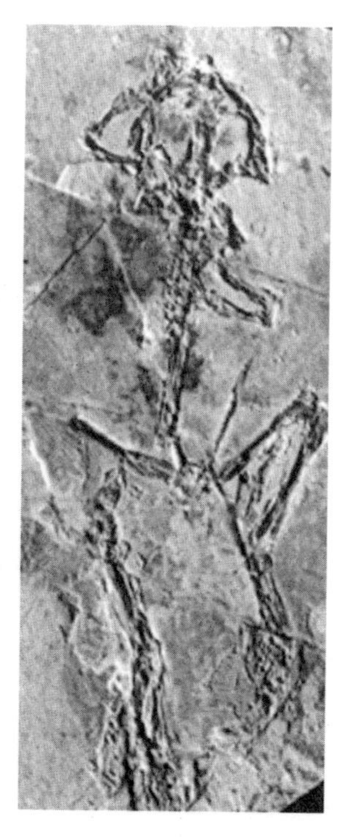

栖息于海拔2 100～2 400米草木茂密的山溪缓流处，水质清澈，环境潮湿。当气温在11～12℃及水温8℃左右时，则隐居于溪流石下。捕食多种害虫，对防治森林害虫有一定的作用。

三燕丽蟾

三燕丽蟾属于盘舌蟾类，是一种原始的无尾两栖类。是我国迄今为止发现的最早的蛙类，生存于距今约1.25亿年前。三燕丽蟾的得名主要是因为它的产地辽西地区自古称为三燕。

三燕丽蟾是我国盘舌蟾类化石的首次发现，并且也是该类群在亚洲的最早化石记录。我国现生的盘舌蟾类有1属3种，主要代表为东方铃蟾。但过去始终未发现盘舌蟾类的任何化石记录，三燕丽蟾的发现

填补了这一空白，而且将盘舌蟾类在中国的演化历史大为提前，从而为该类群的古生物地理分布提供了重要的实证。

三燕丽蟾的骨骼形态已经与现生无尾两栖类十分相近，具有发育的髂骨和伸长的后肢，这表明它已经具有相当的跳跃能力。它的上颌边缘长满了细细的梳状排列的牙齿，而我们现在常见的蛙类大多没有牙齿，具有牙齿是原始的表现。根据这一特征判断，三燕丽蟾的舌部捕食功能及身体的运动能力可能还不够强，牙齿在辅助捕食中具有比较重要的作用。

三燕丽蟾不仅时代早，而且化石保存得十分精美，这在蛙类化石中极其罕见。因为蛙类大多生活在温暖潮湿的环境中，同时骨骼又细又弱，所以很难保存为化石。过去我国仅发现了山东临朐的玄武蛙（距今约1 600万年前）和山西武乡的榆社蛙（距今约500万年前）等两三块较完整的新生代蛙化石。

极 北 鲵

极北鲵，又叫水蛇子，属有尾目小鲵科极北鲵属。体长115 ～ 123毫米。头部扁平，吻端圆厚，吻棱不明显，眼睛较大，约近吻眼间距。舌头也很大，几乎占去口腔的大部分。躯干呈圆柱形，肋沟13 ～ 14条。尾巴侧扁而短。皮肤滑润，青褐色，头与背中线有黑色纵纹，腹面浅灰色。

极北鲵在我国主要分布于黑龙江、吉林、辽宁、内蒙古东北、河南东南部；国外则主要分布于俄罗斯库页岛、堪察加半岛，向西达乌拉尔山以东、蒙古北部、朝

鲜及日本(北海道)。

极北鲵的栖息环境潮湿,多在沼泽地的草丛下或洞穴中。一般于黄昏时分或雨后外出觅食;以昆虫、蚯蚓、软体动物、泥鳅等为食。极北鲵一般于7月炎暑的午间匿居在洞穴深处;10月开始冬眠,4月出蛰;4～5月开始繁殖,产卵后回返陆地生活。卵鞘袋胶质并呈圆筒形,长200～300毫米,袋内有卵150～200枚,孵化时间约30天。

巴　　鲵

巴鲵体长9～16厘米,背部深黑色、腹部浅褐色,全身有银白色斑点;用肺呼吸兼用皮肤呼吸;头部有点像狗头,口裂宽,有细齿两行;眼小,有眼睑;躯干浑圆,背脊线下凹;尾短而侧扁;性格比较温顺。

巴鲵幼体的犁骨齿为位于内鼻孔间略呈“八”字形的两列,其前端超出内鼻孔甚多;变态过程中,随着犁骨的生长,其上的犁骨齿前部向内侧弯成直角或锐角。因此,巴鲵属具有小鲵科中与众不同的犁骨齿列形式。

巴鲵主要分布于河南商城,陕西平利,重庆巫山,四川万源,湖北神农架、堵河源、巴东、宜昌;国外主要分布于朝鲜和日本。

巴鲵的生活习性可分为两类:一类以陆栖为主,如小鲵属、极北鲵属和爪鲵属等,主要生活于潮湿的草丛、苔藓、土洞和石穴中,繁殖季节进入溪流近源处、小溪沟、水凼内配对产卵,繁殖期后营陆栖生活;第二类以水栖为主,如肥鲵属、北鲵属和山溪鲵属等,多栖息于山溪内,卵产在溪流中石下,繁殖期后仍在水中或短时间上岸,不远离水源。

山　溪　鲵

山溪鲵属小鲵科山溪鲵属,俗名羌活鱼、白龙、杉木鱼,是中国的特有物种。

分布于四川、贵州、云南等地，常见于高山山溪及湖泊石块、树根下以及苔藓中或融雪泉水碎石下。

山溪鲵生活在海拔1 500～3 600米的中高山区溪流和湖泊内，成鲵一般不远离水域，多栖于大石、倒木下或苔藓中，以藻类、草籽、水生昆虫等为食。3～4月为繁殖盛期，体外受精。卵较大，色乳白，一般5～16粒单行排列在卵鞘袋内。卵鞘袋长10厘米左右，大的可长达20厘米以上，生活时卵鞘袋透明状，表面有细纵缢纹。卵分散贴附于石下。亲螈有护卵习性，孵卵期约3个月。幼体阶段可看到眼、背面有鳍褶，发育为成体时，其他结构无改变，为永久性童体型。

爪　鲵

爪鲵成鲵细长，雄性全长154～181毫米，雌鲵164～178毫米。头部扁平，无唇褶，每侧有齿13～19枚；前颌骨和鼻骨间囟门大而圆；躯干圆柱状，皮肤光滑，肋沟14～15条；前后肢贴体相对时，指、趾末端相遇，内侧指、趾较短，末端均具有黑爪；雄性在繁殖期间后肢甚宽大；尾长大于头体长而侧扁；体背面棕褐色或淡橄榄褐色，散有均匀褐色斑，腹面污白色。

爪鲵主要栖息在海拔1 000米左右的山林郁密、杂草丛生、水流湍急的小溪中或其附近，分布于黑龙江、吉林、辽宁的部分地区。

成鲵以陆栖为主，多昼伏夜出，黄昏雨后活动频繁，常以爪攀登岩壁。5～6月繁殖，卵鞘袋纺锤形，成对固着在溪内岩石、石块或枯树枝上，每条鞘袋内有卵16～20粒，幼体需3～4年完成变态。吞食蛞蝓、蜗牛、鞘翅目、直翅目等有害昆虫。

该物种已被列入中国国家林业局

2000年8月1日颁布的《国家保护的有益的或者有重要经济、科学研究价值的陆生野生动物名录》。

蚓 螈

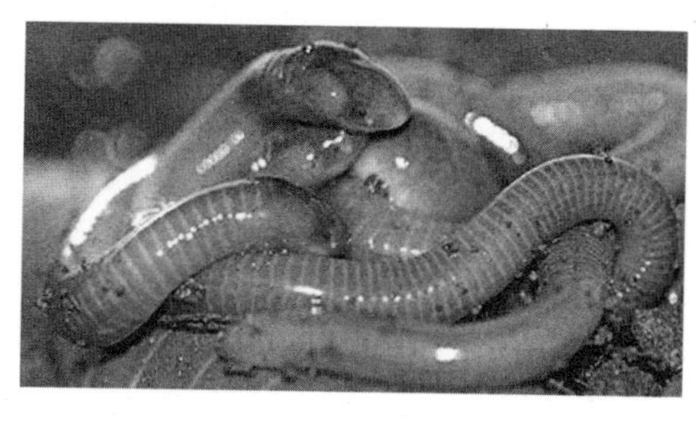

蚓螈目即无足目，已知蚓螈有160余种，分属7科30余属。蚓螈没有四肢和肢带，形体与蚯蚓相似，尾巴特别短或几乎没有。广布于热带和亚热带湿热地区；以南美种类最多（安的列斯群岛无）；非洲东西两侧均有分布（塞舌尔群岛有6～7种，马达加斯加岛则没有）；在亚太地区分布于东南亚、南亚等地，大洋洲及欧洲则没有分布。中国目前发现有2种，分布于广西和云南南部。

蚓螈身体细长，有缢纹环绕，形成许多排环褶。每一环褶间有排列成行的腺体和真皮骨质小鳞，下陷在真皮层内，背面褶间小鳞多达千行，仅个别属无鳞。头侧有一个可伸缩的“触突”，可能与嗅觉有关。眼睛特别小，没有眼睑，眼隐于皮下或为薄的膜骨所覆盖。

蚓螈种类中除1科为水栖外，其余都是穴居在各种淡水域附近的潮湿穴洞内，白天隐蔽在洞里，晚上则出来觅食蚯蚓、白蚁等。蚓螈生殖方式为卵生或卵胎生。小蚓螈孵出时，鳃裂并没有封闭。在水中生活一段时间后，蚓螈幼体的鳃裂封闭，鳍褶消失，触突明显伸出，完成变态。

卵胎生的蚓螈靠刮取母体输卵管壁分泌的乳汁状物作为营养物质，在现生两栖类中只有蚓螈目有骨质小鳞，头部骨片间没有大窝孔。前者是蚓螈的古老特征，后者则与古两栖类中无大窝孔者相似。蚓螈目的化石最早发生在石炭纪，我国目前只发现有一种，即版纳鱼螈，是我国蚓螈目的唯一代表。

细 痣 疣 螈

细痣疣螈皮肤粗糙，有大的疣粒，似细痣，因而得名，在产地俗称山腊狗。体

长12～14厘米，尾长5～7厘米。雌性比雄性的体型略大。头部扁平，宽度大于长度，躯干浑圆或略扁，尾鳍褶弱，末端钝尖。其周身满布疣瘰粒，背中脊棱明显，体侧具排列纵行的16～29个大瘰粒。通体黑褐色，腹面色浅，泄殖孔周围及尾腹缘橘红色。

细痣疣螈栖息于海拔500～1 500米的山间密林地带，栖息于静水塘及其附近潮湿的腐叶中或树根下的土洞内，繁殖季节过后离开水塘，常栖息于山坡植物根部或上穴内。夜晚外出以蚯蚓、蚊蝇、蜘蛛及昆虫为食。细痣疣螈繁殖期5～7月。

细痣疣螈的种群数量很少，为国家二级重点保护野生动物。在我国主要分布在广西、贵州、湖南、安徽。国外则主要分布于越南北部。

第四节
濒危两栖动物

大　鲵

大鲵由于叫声酷似婴儿啼哭，因此又称“娃娃鱼”，是现存有尾目中最大的一种。两栖动物中数它的体型最大，全长可达1～1.5米，体重可超百斤，而外形有点类似蜥蜴，只是相比之下比蜥蜴更加肥壮扁平。

大鲵头部扁平、钝圆，嘴巴大，眼睛退化严重，没眼睑。身体前部扁平，至尾部逐渐转为侧扁。身体两侧有明显的肤褶，四肢短扁，指、趾前五后四，具有微小的蹼。体表光滑，布满黏液。身体背面为黑色和棕红色相杂，腹面颜色浅淡。尾部圆形，尾上下有鳍状物。一般来说大鲵栖息于山区中的溪流里，在水质清澈、含沙量不大、水流湍急，并且要有回流水的洞穴中生活。

大鲵不善于追捕，因此它的捕食方式就是隐蔽在滩口的乱石间，当发现猎物经过时，进行突然袭击。因为它口中的牙齿又尖又密，所以一般猎物进入它口内后都很难逃掉。但它的牙齿不能咀嚼，只是张口将食物囫囵吞下，然后在胃中慢慢消化。娃娃鱼有非常耐饥的本领，甚至两三年不吃也不会饿死，同时它也能暴食，饱餐一顿可增加体重的1/5。

当大鲵的食物缺乏时，它们就会出现同类相残的现象，甚至还会以卵

充饥。大鲵喜食鱼、蟹、虾、蛙和蛇等水生动物。中国大鲵除新疆、西藏、内蒙古、吉林、辽宁、台湾未见报道外,其余省区均有分布。主要产于长江、黄河及珠江中上游支流的山涧溪流中,一般都匿居在山溪的石隙间,洞穴位于水面以下。

据有关部门统计,大鲵自然资源蕴藏量约为9万尾,以丘陵山区资源量为多,在经济发达地区由于工业污染的加剧,资源更显不足。中国大鲵原产地主要集中在我国的四大区域:一是湖南张家界、江永和湘西自治州;二是湖北房县、神农架;三是陕西安康、汉中、商洛;四是贵州遵义和四川宜宾、文兴等地。其他零星分布于湖北合峰、恩施,江西靖安,广西柳州、玉林,甘肃文县,河南卢氏县、嵩县。其中,贵州省贵定县岩下乡被称作“中国娃娃鱼之乡”。

世界上,除了隐鳃鲵(美洲大鲵)外,大鲵均分布于亚洲,有中国大鲵和日本大鲵两个种。可在中国、日本的溪涧、池塘里发现,一般寿命50～60年,有说能生存达80～100年。日本大鲵俗称“大山椒鱼”,源于其身有山椒味道。

现存最大的三种大鲵分别是中国大鲵,身长可达1.8米;日本大鲵,身长可达1.5米;隐鳃鲵,身长可达0.75米。它们于夜间觅食,以鱼类和甲壳类动物为食,但由于视力不佳,只能借由头和身体知觉去侦测水压改变来捕食猎物。在交配季节,它们会游向上游,在卵受精后,雄性会保护幼鲵至少6个月,直到它们有能力自行猎食为止。

钝 口 螈

钝口螈科是有尾目的一科,分布几乎遍及从阿拉斯加到墨西哥的整个北美洲。

钝口螈成体一般都是穴居在地下,只有繁殖后代的时候才会返回水中。它们中有些种类终生保持幼体特征生活于水中,其中最著名的是仅分布于墨西哥的一个湖泊中的墨西哥钝口螈,或称美西螈。还有主要分布于美国的虎纹钝口螈,在东部低地很短时间就完成变态而在西部高山区则完全保持幼体形态。墨西哥钝口螈因为其奇特叫声而声名大噪,属于高人气的两栖动物,

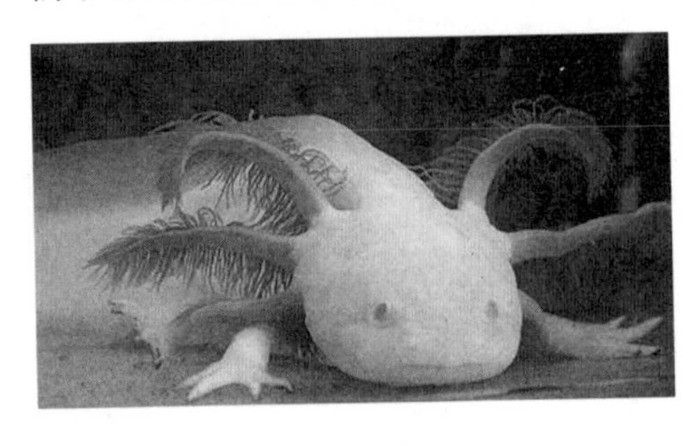

俗称“六角恐龙”。

很多年前各地水族馆中常可以看到六角恐龙的身影，现在则比较少见，部分原因是它们已经被列入《濒危野生动植物种国际贸易公约》附录Ⅱ。

六角恐龙的再生能力非常强，尤其是幼体，可以在一个月内再生任何断离的四肢。随着成长，其再生能力会逐渐减弱，无法再生四肢，但是仍然可以再生表皮或手指脚趾等组织。在自然环境中，六角恐龙并不会进化为蝾螈，如果要强迫它们进化，就必须提高水中碘离子的含量或是在食物中添加甲状腺激素。

紫　　蛙

紫蛙体表皮肤呈亮紫色，嘴巴和小猪嘴非常相似，这种蛙属于生活在远古恐龙时期的一种特殊蛙类的分支种类。

紫蛙生活习性独特，一年中多数时间都是躲在地下3米多深的环境中。独特的生活习性导致这种生活在印度西部喀拉拉邦的青蛙直到2003年才被发现。虽然当地人知道这种奇特的紫色青蛙已有多年，但是科学家们却对此持怀疑态度。部分原因是因为紫蛙非常难被发现，它们通常只会在湿润的雨季爬到地面繁衍后代，时间为两星期左右，可以说非常低调。

洞　　螈

洞螈属有尾目蝾螈亚目洞螈科，目前只在斯洛文尼亚的某些地区发现过它们的踪迹。洞螈因达尔文而闻名于世，达尔文在他的著作《物种起源：用进废退》第五章中描述洞穴生物时记载过，他称它们为“远古生命的残骸”。

由于粉红色的皮肤和细小的前肢

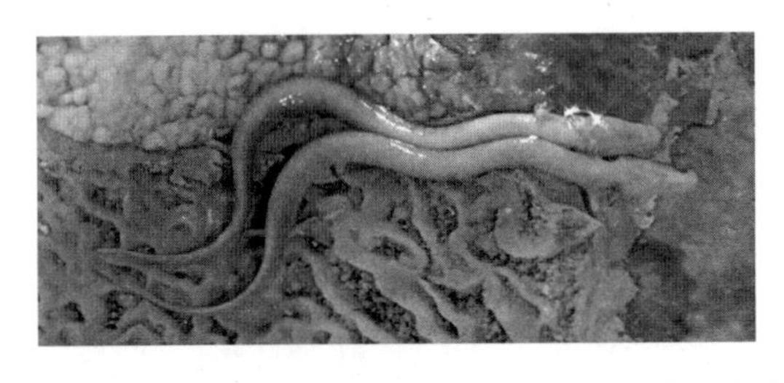

和腿，它们看起来也有点像一个小人。这也是它们为什么也被称作“人鱼”的原因。

洞螈生活在漆黑的洞穴中，它们没有眼睛，皮肤中没有色素。有趣的是，如果洞螈生活在有光线的地方，它们将拥有眼睛和褐色的皮肤，但是这个眼睛不是完全的，缺失重要的视神经，所以虽然洞螈有眼睛，但仍然是盲目的。

洞螈通过鳃呼吸，鳃位于头的后面身体的外面，两侧都有，是透明的，看起来微带红色，因为里面有血液在流动。洞螈是两栖动物，在陆地上用肺呼吸。

马达加斯加彩虹蛙

马达加斯加彩虹蛙有很多俗称，比如，装饰料斗、彩虹穴居蛙、红雨蛙、哥特列布窄嘴蛙，它是马达加斯加蛙类中装饰得最为华丽的。2008年，它被誉为是这个星球上“最罕见，最不寻常的两栖类”。为了适应宠物需求，每年都会有数千只马达加斯加彩虹蛙被捕获。

它是自然界的“伪装大师”，身体呈五颜六色，就像美丽的彩虹一样。它生活在马达加斯加岛上的干燥丛林中，它们在峡谷的浅水池中繁殖，能够适应周边岩石环境，并在岩石上攀爬，甚至还可以在垂直表面爬行。当它们受到威胁时，它们身体会膨胀起来，对掠食者形成防御姿态。

达 尔 文 蛙

达尔文蛙即智利豹蛙，属尖吻蟾科的一种小型蛙，生活在南美洲的大部分地区，主要产于阿根廷、智利，是罕有的具有孵卵习性的蛙类。

每到繁殖季节，当雌蛙产下20～30个卵之后，雄蛙就伏在卵上，等到蝌蚪

快要孵化出来的时候，就用舌头将它们咽下去。卵会落到它的声囊——喉咙和腹部下面的一个大囊里，继续生长。可别小看这个声囊，它还会发出动听悦耳的声音。

当蝌蚪长到大约1厘米长只剩一条小尾巴的时候，蛙爸爸们就会张开嘴，让它们跳出去，自谋生路。由雄蛙来抚育幼蛙成长，这在两栖类的世界是非常罕见的。小蝌蚪在雄蛙的声囊里成长，主要靠吃卵黄生存，这也是蛙卵原来的一部分。

还有一个很奇妙现象就是，雄性达尔文蛙抚育的蝌蚪并不一定是它亲生的。在繁殖期，许多雌蛙会聚在一起产卵，而雄蛙则会捡起离它最近的卵进行孵化。

多彩丑角蛙

科学家在哥伦比亚发现了十分罕见的多彩丑角蛙，这种青蛙颜色华丽鲜艳，很容易让人注意到它的存在。据悉，作为一种稀有物种，多彩丑角蛙已在科学家的视野中消失了14年，直到2008年2月科学家才在哥伦比亚山脉丛林中发现它的踪迹。

动物学研究专家称，多彩丑角蛙的发现对于南美洲两栖物种是一个非常好的消息，目前南美洲两栖物种消失的速度非常快。领导此项物种勘测的生物学家路伊斯·鲁达称，虽然此次发现

了这种十分罕见的青蛙，但该区域其他数十种稀有青蛙的生存现状依旧令人十分担忧。

据悉，发现多彩丑角蛙的区域位于哥伦比亚高地的山脉丛林，这里有可能是青蛙避开疾病传播的最后一片净土。

鲁达说：“发现多彩丑角蛙是一个非常好的新闻，但是我们同时花费了许多小时用来寻找其他稀有青蛙物种却徒劳无获。”他解释称，青蛙最大的威胁就是疾病，一种传染性真菌病在全球范围内成批地杀害两栖类青蛙，该疾病是影响全球青蛙物种最可怕的威胁。

“两栖青蛙物种受传染性真菌病的影响最大，因此它们不得不生活在海拔1 000米或更高的地方。我们发现多彩丑角蛙的地点位于海拔4 000米，这一点十分关键，因为多彩丑角蛙可能是哥伦比亚高地最后生存的稀有两栖物种。”鲁达如是说。

泽 氏 斑 蟾

泽氏斑蟾，俗称巴拿马金蛙，长相相当漂亮，体长4～5.5厘米，吻很尖，鼓膜不明显。巴拿马金蛙拥有苗条的身躯和修长的四肢，内侧及外侧手指或脚趾特别短。它皮肤光滑，体色呈鲜艳的黄色或橘色，有明显的黑色斑点，具有警告有毒的功能。

春季与夏季为巴拿马金蛙的繁殖期，它们将卵产于雨水造成的暂时性积水或泛滥区。卵和蝌蚪的成长都很快，卵孵化成蝌蚪仅需24小时。属于华盛顿公约一级濒临绝种保育类，禁止进口及饲养。栖地的破坏、气候的改变和疾病是造成其族群下降的主要原因。

巴拿马金蛙虽然名字和长相都像青蛙，但它们其实是一种蟾蜍，是一种濒危蟾蜍。这种金蛙的数量由于壶菌病的扩散而大幅减少。此外，失去栖息地以及环境污染也是其数量减少的重要原因。研究人员还发现，它们华丽的外

表下还隐藏着一种特殊的本领，那就是靠手语来进行交流。

巴拿马金蛙栖息在巴拿马的热带雨林地区，尤其在山区及近河流地区。这些地方虽然是远离人类居住地的原始区域，但是却并不宁静，湍急的水流让巴拿马金蛙的生活领地特别嘈杂，影响它们之间靠叫声交流的传统方式。为了对抗山涧流水的噪声，它们进化出了这种靠手语交流的特殊本领。

金色曼蛙

金色曼蛙，又叫马达加斯加金曼蛙，属曼蛙属。体长2～3厘米，寿命25年左右。金色曼蛙虽然名字含“金”，但其皮肤却是色彩绚丽的，有明亮的橙色、红色或黄色，幼蛙呈绿色及黑色，有毒性。金色曼蛙的眼睛是黑色的，具有水平瞳孔，吻端略尖，身体细长。手臂纤细，有些金色曼蛙的后腿内侧还有红色标记。和多数两栖动物不一样的是，手指和脚趾上均带有吸盘的金色曼蛙腿很短，且没有蹼趾。

金色曼蛙以昆虫为食，它的食物通常包括白蚁、蚂蚁、果蝇，它们会吃任何能塞得进嘴的昆虫。

一些小型的哺乳动物，蛇类和鸟类是金色曼蛙的天敌，尽管它们所展现的保护色非常有效地警告着任何想捕食它们的敌人。

金色曼蛙属于群居动物，雄性和雌性的比率大约是2 ： 1。它们在日间活动，并且花费大量的时间寻找食物。在繁殖季节，雄性曼蛙变得非常具有攻击性，将会与任何闯入其领地的同类发生争斗。繁殖期间，雄蛙在地上鸣叫吸引雌蛙，经过体内受精后，雌性曼蛙通常会在水塘边岩石下潮湿的青苔上产下12～30枚白色的卵，这些卵在2～6

天内孵化，孵出的蝌蚪随雨水冲入小池塘中。蝌蚪主要以海藻和岩屑中的草为食物。6～8周后，蝌蚪完全变为成蛙。

金色曼蛙生活在马达加斯加东南的雨林及其他潮湿地区，它们喜欢那些围绕在低洼、泥泞的沼塘边，由断枝落叶堆起的小垛。不同于其他一些曼蛙的是，金色曼蛙更倾向于陆地，它们把窝建在陆地上。虽然作为宠物它们很难照料，但它们仍然非常受欢迎，曾经每年都有将近3万只被出口海外。

由于森林大火和乱砍滥伐，栖息地遭到严重的破坏，导致金色曼蛙的数量锐减，目前已被列入《世界自然保护联盟濒危物种红色名录》。

科罗澳拟蟾

澳大利亚有一种小巧的蛙类，叫做科罗澳拟蟾，它们的体长不过3厘米，没有鼓膜，有少量疣粒。这种蛙身体背面、四肢和肋部主要为明黄色或黄绿色，有黑色不规则斑纹，腹面为黑色和白色或黑色和黄色，模样十分可爱。就好像澳大利亚原住居民参加庆典时，身上涂抹的彩绘一样耀眼，所以它们有“澳洲夜宴蛙”的别称，也叫“欢蛙”。

科罗澳拟蟾喜欢躲在阴凉的地方，例如岩石、草堆中。雌性体长24～30毫米，没有鼓膜，有耳后腺，四肢短小。并以甲虫、臭虫、蚂蚁、昆虫幼虫和小蜘蛛为食。主要分布于澳大利亚东南部一带，栖息于海拔较高的草地、林地、沼泽等地带。但是目前，它仅存在于新南威尔士山区，成年蟾蜍数量不到250只。

为了适应夏季高山的风天和热天气候及冬季极为寒冷的雪天气候的栖息环境，科罗澳拟蟾演化出了特殊的繁殖方式以保护幼体。

它们于夏天繁殖，一般雄性在地上筑巢或利用旧的巢。雌性蛙产卵10～38枚在巢的凹陷处，大约4周后卵就会形成蝌蚪，但这些蝌蚪依旧要停留在卵内6～7个月。

冬季在数米的积雪下，科罗澳拟蟾蝌蚪在卵内果冻般的物质里，不会结冰。直到春天降雨或融雪之后才被冲到池塘，当外部果冻物质溶化，6毫米的蝌蚪就会在水中游泳捕食，等待次年初夏变态成幼蛙。总之，科罗澳拟蟾是在夏末产卵，深秋孵化成蝌蚪，次年初夏变成幼蛙。而幼蛙变为成蛙还要4年时间。成年蛙在冬季冬眠，隐藏在落叶、树皮、草、岩石、木材下。

这种蛙的皮肤如果受壶菌感染，就会导致窒息死亡。目前，这种可爱的小青蛙因为传染病盛行，只剩下200只。因此澳大利亚悉尼塔龙加动物园决定为保育尽一份心力，计划在3～4年内以人工方式繁殖科罗澳拟蟾，并将它们放回野外，预计将会花费70 000澳元。

第四章

爬行动物

第一节 爬行动物概述

爬行动物是第一批真正摆脱对水的依赖而征服陆地的变温脊椎动物，可以适应各种不同的陆地生活环境。爬行动物也是统治陆地时间最长的动物，曾主宰地球的中生代时期，那个时期也是整个地球生物史上最引人注目的时代。那时，爬行动物不仅是陆地上的绝对统治者，还统治着海洋和天空，地球上没有任何一类其他生物有过如此辉煌的历史。

爬行类是从距今约3亿年前的石炭纪末期的古代两栖类进化来的。在石炭纪时期，气候比较稳定，温暖而潮湿。但到了石炭纪末期，地球上发生了造山运动，地壳有了很大的变动，陆地上出现了大片的沙漠，在很多地区，原来温暖而潮湿的气候转变为干燥的大陆性气候——冬季寒冷，夏季火热，在这种条件下，很多古代两栖类灭绝了，代之而起的是具有适应陆生的体制结构（防止水分蒸发的角质皮肤、较完善的肺呼吸等）、适应陆生的生殖方式（体内受精、卵外有硬壳、胚胎具羊膜）和有比较发达的脑的爬行动物。新兴的爬行动物，在生存竞争中不断发展壮大，到中生代初期，便将两栖类排挤到次要地位。

西蒙龙（又名蜥螈）被认为是研究爬行动物起源的最重要的化石代表。我们熟知的爬行动物恐龙就是当时的地球霸主，曾统治地球海陆空达1.6亿年之久。

现在虽然已经不再是爬行动物的时代，且大多数爬行动物的类群已经灭绝，只有少数幸存下来，但是就种类来说，爬行动物仍然是非常繁盛的一群，其种类仅次于鸟类而排在陆地脊椎动物的第二位。爬行动物现在到底有多少种很难说清，各家的统计数字可能相差千种，新的种类还在不断被鉴定出来，大体来说，爬行动物现在应该有近8 000种。

由于摆脱了对水的依赖，爬行动物的分布受温度影响较大而受湿度影响较小，现存的爬行动物除南极洲外均有分布，大多数分布于热带、亚热带地区，在温带和寒带地区则很少，只有少数种类可到达北极圈附近或分布于高山上，而在热带地区，无论湿润地区还是较干燥地区，种类都很丰富。

第二节 爬行动物的特征

爬行动物是地球上最早出现的羊膜动物，它们由两栖类中的迷齿类进化而来。由两栖类过渡到爬行类这一变化发生在石炭纪，所跨过的关口肯定是以羊膜卵的产生为标志。除了产羊膜卵这一最为重要的特征以及与之相关的爬行动物发育过程不需要变态之外，爬行动物在骨骼结构上也表现出诸多与两栖动物不同的特征。

爬行动物的身体已明显分为头、颈、躯干、四肢和尾部。颈部较发达，可以灵活转动，增强了捕食能力，能更充分发挥头部感觉器官的功能。骨骼发达，对于支持身体、保护内脏和增强运动能力都提供了有利条件。用肺呼吸，心脏由两心耳和分隔不完全的两心室构成，逐渐将动脉血和静脉血分隔开的方向进化。皮肤缺乏腺体，干燥，不透水，无法保持体温，随外界温度改变而改变，冬眠。口腔中腺体发达，有温润食物、帮助吞咽的作用；舌发达，有助吞咽、捕食器及感受器的功能。牙具有多种形式。嗅觉较为发达，具有探知化学气味的感觉功能。除具视觉、听觉外，还具有红外线感受器，能对环境温度微小变化发生反应。

在爬行动物的生殖发育过程中，卵的结构和胚胎发育也出现一些变化，卵外包着坚硬的石灰质外壳，能防止卵内水分的蒸发，同时是体内受精，摆脱了生殖发育中受精时对水的依赖；胚胎发育中出现羊膜和羊水，胚胎可以在羊水中发育，既可以防止干燥，又能避免机械损伤，卵产出后借日光孵化，也有少数具有孵卵行为。

爬行类头骨比较高，不同于迷齿两栖类那种通常的扁平形；顶骨以后的骨片有的变小，有的由头骨的顶盖部位移到了枕部，有的甚至完全消失。大多数爬行动物只有一个枕髁。

爬行动物的脊椎骨由一个大的椎侧体和一个缩小成小楔状的椎间体组成;比较进步的类型椎间体消失。原始的爬行类有两块荐椎骨,不同于两栖类的一块;而在许多进步的爬行动物当中,荐骨由好几块荐椎骨组成,有的类型增加到8块之多。肠骨也随着荐骨的扩大而扩大。原始的爬行类肋骨从头部到骨盆之间是连续的,而且大致相似;但是进步的爬行动物肋骨通常有颈肋、胸肋和腹肋之分。

迄今发现的最早和最原始的爬行动物是二叠纪早期的杯龙类。从这样的基干出发,爬行类因其自身进化出来的繁殖方面的进步性而对当时的陆生环境异常适应,因此很快便爆发式地向各个进化方向分化开来。到了从三叠纪初至白垩纪末的中生代,形形色色的爬行动物几乎占领了地球上的所有陆地生态环境;并且,其中的一些类群还重新回到水域当中成为水域的霸主;还有一支爬行动物则飞上了天空。因此说,中生代是爬行动物的时代。

根据头骨颞部的发育情况,即颞孔的发育与变化关系,可以将爬行类(纲)分成四个亚纲,即缺弓亚纲、单弓亚纲、阔弓亚纲和双弓亚纲。颞孔的作用是容纳强大的颌肌,颞孔的有无、数目和位置决定了该动物的噬咬方式,也就间接地影响到动物的许多行为和生理特征。所以,以颞孔的发育与变化情况作为爬行类内部分类的重要依据是很科学的。

有些爬行动物,其眼眶之后的颅顶部分只有一个颞孔;另一些种类,在头骨的侧面有一个孔。还有一些爬行动物有两个颞孔,一个在颅盖的顶部,另一个在侧面。上边的孔,即上颞孔,以眶后骨及鳞骨为其腹界;而侧颞孔以眶后骨和鳞骨为其背界。两个颞孔并存时,则由眶后骨及鳞骨将其分隔开。爬行动物的四个亚纲就是根据颞孔的有无和变化关系划分出来的。在此基础上,再依据其他特征,爬行动物就可以被分为更细的一级级分类阶元。

第三节 爬行动物的常见家族成员

壁　　虎

壁虎身体扁平，四肢短，趾上有吸盘，能在壁上爬行，旧称守宫，古代“五毒”之一。身上排列着粒鳞或杂有疣鳞。指、趾端扩展，其下方形成皮肤褶襞，密布腺毛，有黏附能力，可在墙壁、天花板或光滑的平面上迅速爬行。壁虎属约20种，中国产8种，常见的有多疣壁虎、无蹼壁虎、蹼趾壁虎与壁虎。蜥虎属中国已知4种，半叶趾虎属、截趾虎属和蝎虎属中国各有1种，主要分布于华南地区。

多数壁虎具适合攀爬的足；足趾长而平，趾上肉垫覆有小盘；盘上依序被有微小的毛状突起，末端叉状。这些肉眼看不到的钩可黏附于不规则的小平面，使壁虎能攀爬极平滑与垂直的面，甚至越过光滑的天花板。有些种类还具可伸缩的爪。多数壁虎像蛇一样，眼上有透明的保护膜。普通的夜行性种类，瞳孔纵置，并常分成数叶，收缩时形成4个小孔。尾或长尖或短钝，甚或呈球形。有些种类的尾可贮藏养分，如同仓库，使该动物在不适宜的条件下亦能获取养分。尾部也可能非常脆，若断则旋即再生成原状。体通常为暗黄灰色，带灰、褐、浊白斑。

壁虎受到强烈干扰时,它的尾巴可自行截断,以后再生出新尾巴。壁虎的断尾,是一种“自卫”。当它受到外力牵引或者遇到敌害时,尾部肌肉就强烈地收缩,能使尾部断落。掉下来的一段,由于里面还有神经,一些时候尚能跳动。这种现象,在动物学上叫做“自切”。

壁虎主要产于我国西南及长江流域以南诸地区,也分布在日本和朝鲜。壁虎生活于建筑物内,以蚊、蝇、飞蛾等昆虫为食。夜间活动,夏秋的晚上常出没于有灯光照射的墙壁、天花板、檐下或电杆上,白天潜伏于壁缝、瓦角下、橱柜背后等隐蔽处,并在这些隐蔽地方产卵,每次产2枚;卵白色,卵圆形,壳易破碎。有时几个雌体将卵产在一起。壁虎是能鸣叫的爬行动物,孵化期为1个多月。

海 南 睑 虎

海南睑虎是我国特有的亚种,主要分布于海南省与广西壮族自治区,大多数生活于低海拔较干燥的丘陵低山岩隙间。

海南睑虎全长150毫米左右,尾长稍短于头体长。头背棕褐色,躯干及尾背暗紫褐色,均杂以少数较大黑褐斑。在此背景上,有若干前后镶黑边的白色横纹。一在枕部,略呈弧形,其两侧沿头侧前伸达眼;躯干部有3条,一在腋后,一在体中部,一在胯前;尾部有4～5条,如尾断后再生部分则无斑纹。头较大,被覆粒鳞,有活动眼睑;有前鼻鳞,吻鳞与第一上唇鳞均不切外鼻孔。躯干粗壮,背面被覆粒鳞,其间杂以较大锥状疣鳞;腹面被较大的六角形鳞。尾较粗,圆柱形,基部膨大。四肢较弱,指趾短小，末端具爪，爪位于3枚大鳞片间。雄性有肛前孔28～30个。

海南睑虎1908年在我国海南岛被发现，由于生长于海南，因此它们能够忍受30℃左右的高温，为最能耐热的睑虎，也具有很强的适应能力。庞大的数量加上耐热的特点，使得海南睑虎的人气经久不衰。在外国，有一种说法，根据海南睑虎的不同体色，把海南睑虎分为高山种和低地种。颜色鲜艳的称为高山种，颜色暗淡的则是低地种。

草　蜥

草蜥属蜥蜴目蜥蜴科。全世界已知的草蜥约10种，主要分布于越南、缅甸、印度尼西亚、日本、朝鲜及俄罗斯。我国有6种，常见的有北草蜥、南草蜥和白条草蜥，主要分布于华中、华南及西南地区。

草蜥体细长，长50～60毫米，尾细长，为体长的2倍以上。头顶有对称排列的大鳞，背部起棱大鳞排成纵行，腹部大鳞近方形。大腿腹面近肛侧有鼠蹊窝1～5对。受到强烈干扰时，尾易自截，断后又能再生。体背呈绿褐色，腹面灰白色，体侧下方绿色。刚孵出的幼蜥尾下常为红褐色。

草蜥大多栖息于海拔180～1 750米的丘陵、平原和山区的茂密草丛中或矮灌木林间，受到惊扰则迅速逃遁。每年4月初在11点前后活动得最多，8月间每天9～11点和15～16点外出活动得较多，10月底在12～13点活动量最多。它们主要以昆虫为食，春季主要吃蝗虫、卷叶蛾幼虫、鼠妇和地花蜂；夏季主要吃直翅目昆虫（如蝗虫、螽斯），也吃尺蠖蛾幼虫和鞘翅目昆虫。

草蜥在8月开始产卵，每窝4～6枚，卵圆形，乳白色，卵径宽9～11毫米，长11.5～14.5毫米。刚孵出的幼蜥全长74～82毫米，尾长51～60毫米。

变色树蜥

变色树蜥，俗名雷公蛇、鸡冠蛇、马鬃蛇。在我国主要分布于云南、广东、海南、广西等地；国外主要分布于南亚及东南亚地区。

变色树蜥的鳞片十分粗糙，背部有一列像鸡冠的脊突，所以又叫鸡冠蛇，其独特的外形非常易于辨认。变色树蜥头较大，吻端钝圆，吻棱明显。眼睑发达。鼓膜裸露，无肩褶。体背鳞片有棱，呈覆瓦状排列，背鳞尖向后，背正中有一列侧扁而直立的鬣鳞。四肢发达，前后肢有五指趾，均有爪。身体呈浅灰棕色，背面有5～6条黑棕色横斑；尾具深浅相间的环纹；眼四周有辐射状黑纹。喉囊明显，生殖季节雄性头部甚至背面为红色，体色可随环境而变。

变色树蜥大多栖息于环境潮湿的热带雨林内，喜欢吃各种昆虫，如蟋蟀、草蜢、甲虫、蜘蛛等，偶食其他小型蜥蜴，也爱舔叶子上的水解渴。

繁殖方式为卵生，交配期为每年4～10月，每次产卵1～3枚，卵呈白色，长椭圆形。

避　役

避役，又名变色龙。主要分布在非洲大陆和马达加斯加，是非常奇特的动物，它们适应于树栖生活。

避役体长约25厘米，身体侧扁，背部有脊椎，头上的枕部有钝三角形突起。四肢很长，指和趾合并分为相对的两组，前肢前三指形成内组，四、五指形成外组；后肢一、二趾形成内组，其余三趾形成外组，这样的特征非常适于握住树枝。它的尾巴长，能缠卷树枝。另外，它还有一条又长又灵活的舌头，伸出来要超过它的体长，舌尖上有腺体，能分泌大量黏液黏住昆虫。变色龙用长舌捕食是闪电式的，只需1/25秒便可完成。它的眼睛也十分奇特，眼帘很厚，呈环形，两只凸出的眼球，左右180°转动自如，左、右眼可以各自单独活动，不必协调一致。这种现象在动物中是十分罕见的，双眼各自分工前后注视，既有利于捕食，又能及时发现后面的敌害。

避役能够随着环境的变化，随时改变自己的体色。许多种类能变成绿色、黄色、米色或深棕色，常带有浅色或深色的斑点，所以得名变色龙。这种生理的变化，是在植物性神经系统的调控下，通过皮肤里的色素细胞的扩展或收缩来完成的。

避役栖息于树上，捕食昆虫。大多数种类卵生，在地上产卵，每次产卵2～40枚，卵埋在土里或腐烂的木头里，孵化期约3个月。

乌　龟

乌龟，别称金龟、草龟、泥龟和山龟等，属爬行纲龟鳖目龟科龟亚科，是最常见的龟鳖目动物之一。

乌龟与陆龟都是以“甲壳”为中心演化而来的爬行类动物。乌龟为水栖动物，已经在地球上生存了几万年，和恐龙是同时期的动物。最早见于三叠纪初期，当时已有发展完全的甲壳，早期的乌龟还不能将头部与四肢完全缩入壳中。

我国各地几乎均有乌龟分布，但以长江中下游各省的产量较高；广西各地也都有出产，尤以东南部、南部等地数量较多；国外主要分布于日本、巴西和朝鲜。

乌龟体为长椭圆形，壳略扁平，背腹甲固定而不可活动，背甲长10～12厘米，宽约15厘米，有3条纵向的隆起。头和颈侧面有黄色线状斑纹，四肢略扁平，趾间均具全蹼，除后肢第5枚外，指趾末端皆有爪。雄性体型较小，尾长，有臭味；雌性尾较短，体无异味。

乌龟一般生活在河、湖、沼泽、水库和山涧中，有时也会爬上岸去活动。乌龟多以蠕虫、螺类、虾及小鱼等为食，也吃植物的茎叶。

乌龟是一种变温动物，其体温随着外界的变化而变化，从11月到次年4月，气温在15℃以下时，乌龟潜入淤泥中或静卧于松土中冬眠。这个时候乌龟会长期缩在壳中，几乎不活动，同时它的呼吸次数减少，体温降低，血液循环和新陈代谢速度减慢，所消耗的营养物质也相对减少。这种状态和睡眠相似，只不过这是一次长达几个月的深度睡眠，甚至会呈现出一种轻微的麻痹状态。

乌龟一般要到8岁以上才会达到性成熟，10岁以上性成熟良好。乌龟的交配时间多在4月下旬，一般是下午至黄昏，在陆地上或水中进行交配。乌龟在陆地上产卵，产卵期是5～9月，高峰期在7～8月。产卵前，乌龟多在黄昏或黎明前爬至远离岸边较隐蔽和土壤较疏松的地方，用后肢交替挖土成穴（一般穴深10厘米左右，洞口宽8～12厘米），然后将卵产于穴中，产完卵再扒土覆盖，并用腹甲将土压平后才离去。乌龟没有守穴护卵的习性，另外，卵的成熟期不是同步的。所以雌龟每年产卵3～4次，每次产卵5～7枚。

乌龟不但繁殖率低且生长较慢，一只500克左右的乌龟，经一年饲养仅增重100克左右。但乌龟的耐饥能力较强，即使断食数月也不易饿死，而且抗病力也很强，成活率高。所以乌龟是较易人工饲养的动物，也是比较受人们欢迎的宠物。

三线闭壳龟

三线闭壳龟，又名三线闭壳金钱龟、闭壳龟、川字背龟、红肚龟、金钱龟、红边龟、三线龟、断板龟。在我国，主要分布于福建、广东、广西、海南、香港等地；国外主要分布于越南等亚热带国家和地区。

三线闭壳龟体长为20～30厘米。头较细长，头背部呈蜡黄色，顶部光滑无鳞，吻钝，上缘略勾曲，喉部、颈部呈浅橘红色，头侧眼后有棱形褐斑块。它的龟壳分为背甲和腹甲两个部分。背甲呈红棕色，有3条黑色纵纹，中央1条较长（幼体无），前后缘光滑不呈锯齿状。腹甲黑色，边缘为黄色。背腹甲间、胸盾与

腹盾间均借韧带相连，龟壳可完全闭合。腋窝、四肢、尾部的皮肤多呈橘红色，指趾间有蹼。

野生三线闭壳龟主要栖息于海拔50～400米的山区溪水地带，属半水栖的龟鳖类。喜阳光充足、环境安静、水质清净的地方。它们常在溪边灌木丛中挖洞做窝，白天在洞中，傍晚、夜晚出洞活动较多。另外，三线闭壳龟还有群居的习性。

由于龟是变温动物，它们的活动会根据环境温度不同而改变。当环境温度达23～28℃时，活动频繁，四处游荡；在10℃以下时，进入冬眠。一年中，4～10月为活动期，11月至次年4月上旬为冬眠期，南方地区的冬眠时间较短，一般为12月至次年2月。

三线闭壳龟是杂食性龟类。在自然界中主要捕食水中的螺、鱼、虾、蝌蚪等，同时也捕食幼鼠、幼蛙、金龟子、蜗牛及蝇蛆，有时也吃南瓜、香蕉及植物嫩茎叶。在人工饲养条件下，喜食蚯蚓、瘦肉、小鱼及混合饲料。

野生的雌性龟，性成熟的年龄一般为6～7岁，体重1 250～1 500克；雄性龟性成熟的年龄为4～5岁，体重700～1 000克。人工饲养时，由于饲料营养丰富，龟的生长速度加快，性成熟提前。雌性龟性成熟年龄为5～6岁，体重为1 500～2 000克；雄性龟性成熟年龄为3～4岁，体重1 000～1 500克。

每年秋季和春季，气温在20～28℃时，三线闭壳龟开始交配。交配多在水中进行，且一般为浅水地带。产卵季节为每年5～9月，气温为25～35℃，也有冬季产卵的现象，但均未受精。性成熟的雌龟，卵巢内终年都有大小不等的卵存在。在产卵季节，一年产卵1次，少数产两次卵。产卵多在夜间进行，上岸后选择沙质松软的地方，先挖窝后产卵，初产卵的龟每窝产卵1～2枚，一般产卵数量为5～7枚。卵呈白色，长圆形，卵长径40～55毫米，短径24～33毫米，卵重18～35克。

三线闭壳龟有特殊的经济价值，可供食用、药用及观赏。由于大量捕捉，数量已逐年减少，若不及时保护，有渐危的危险。

沼泽侧颈龟

沼泽侧颈龟，属龟鳖亚目侧颈龟科侧颈龟属。主要分布于南半球的非洲、马达加斯加、南美洲和印度洋诸岛。因其不能像其他多数龟类那样能将头和颈都缩进壳内，而是颈部向一侧弯曲时，将头部缩入甲中，因而得名。沼泽侧颈龟体呈灰色，体长可达30厘米。

沼泽侧颈龟是非洲分布最广的泽龟类，属于小型的半水栖性龟类，通常生活在积水的水塘中。沼泽侧颈龟与另一属的东非侧颈龟在外形或习性上都十分类似，有时候容易混淆。基本上沼泽侧颈龟的体型都比东非侧颈龟小。而东非侧颈龟属有15个种类，都可以长到30～50厘米。

一般来说，沼泽侧颈龟是杂食性龟类，索食性很强，食量也很大，以一般鱼虾、贝类为主食，昆虫、蚯蚓也是受欢迎的食物，它们甚至会群起合作将小型的鸟类或爬虫类拖入水中分食。沼泽侧颈龟对低温的承受力高于一般热带龟类。当受到惊吓时它们也会和麝香龟类一样排出麝香味的液体。

雄性龟体型较小，尾巴粗大；雌龟体型大，尾巴较细小。沼泽侧颈龟是多产的龟类，雌龟每年可以产下数窝卵，每窝平均有10～15枚。雌龟在产卵时挖的土坑很深，几乎与龟甲长度相等，这样可以避免强烈日晒造成的高温。而且沼泽侧颈龟的龟卵在产下时外表会包有一层湿滑的黏液，干后会变得十分坚硬，可以防水和防止一般昆虫的啃食。初生幼龟体色较黑，身体成长速度也较快。

中华鳖

中华鳖，又名甲鱼、元鱼、团鱼、鳖、脚鱼、王八、水鱼。中华鳖在野外广泛分布于除宁夏、新疆、青海和西藏外的我国大部分地区，其中以湖南、湖北、江西、安徽、江苏等省产量较高；在日本、朝鲜、越南等国也有分布。

中华鳖体态扁平，呈椭圆形，背腹都有甲。通体被柔软的革质皮肤覆盖。头

部粗大，前端略呈三角形。吻端较长且呈管状，有长的肉质吻突，约与眼径相等。眼小，位于鼻孔的后方两侧。口无齿，脖颈细长，呈圆筒状，伸缩自如，视觉较敏锐。背甲暗绿色或黄褐色，周边为肥厚的结缔组织，俗称“裙边”。腹甲灰白色或黄白色，平坦光滑，有7个胼胝体，分别在上腹板、内腹板、舌腹板与下腹板联体及剑板上。尾部较短，四肢扁平，后肢比前肢发达。前后肢各有5趾，趾间有蹼，内侧3趾有锋利的爪，四肢均可缩入甲壳内。

中华鳖生活于江河、湖沼、池塘、水库等水流平缓、鱼虾较多的淡水水域，也常出没于大水溪中。在安静、清洁、阳光充足的水岸边活动较频繁，有时上岸但不能离水源太远。能在陆地上爬行、攀登，也能在水中自由游泳，喜欢晒太阳或乘凉。

北方地区的中华鳖10月底进入冬眠，次年4月开始寻食，喜食鱼虾、昆虫等，也食水草、谷类等植物性饵料，特别喜欢食臭鱼、烂虾等腐败变质饵料。如食饵缺乏还会互相残杀。性怯懦、怕声响，白天潜伏水中或淤泥中，夜间出水觅食。耐饥饿，但贪食且残忍。

中华鳖4～5岁达性成熟，4～5月在水中交配。多次性产卵，至8月结束，通常首次产卵仅4～6枚。体重在500克左右的雌性鳖每次可产卵24～30枚，在繁殖季节一般可产卵3～4次，5岁以上雌鳖一年可产卵50～100枚。卵为球形，乳白色，卵径15～20毫米，卵重8～9克。产卵点一般环境安静、干燥向阳、土质松软。据研究观察，其距离水面的高度可准确判断当年的降雨量。它们选好产卵点后，掘坑10厘米深，将卵产于其中，然后用土覆盖压平伪装，不留痕迹。经过40～70天的孵化，稚鳖破壳而出，1～3天脐带脱落，入水生活。卵及稚鳖常受蚊、鼠、蛇、虫等的侵害，中华鳖的寿命可达60岁以上。

尼 罗 鳄

尼罗鳄，也叫非洲鳄，是大型鳄鱼，体长2～6米。有记录显示最长的达7.3米。主要产于非洲尼罗河流域及东南部。博茨瓦纳、津巴布韦、赞比亚、莫桑比克、坦桑尼亚、埃塞俄比亚及苏丹等地均有分布，在马达加斯加岛也有分布。有些种群生活于海湾环境中，在不同地区生活着不同的亚种，这些亚种彼此之间略有区别。

尼罗鳄前颌齿有5个，上颌齿13～14个，下颌齿14～15个，总数为64～68个。成体有暗淡的横带纹，幼体呈深黄褐色，身体和尾部有明显的横带纹。尼罗鳄非常强壮，尾巴强而有力，有助于游泳，成年尼罗鳄的体重可达1吨。

尼罗鳄主要栖息于湖泊、河流、淡水沼泽、湿地、咸淡水等处，常生活在河岸上自己挖的洞穴里。它们性情凶暴，常袭击往来水边的兽类，有时还会捕食包括人在内的大型哺乳动物。成年鳄的吼鸣声可传很远。

尼罗鳄繁殖期为11月至次年4月，雌性体长2.6米，雄性体长3.1米时达到性成熟，一般9～10岁以上才能开始交配产卵。产卵时通常会在沙质岸上挖洞，一般产卵40～60枚。孵化期80～90天，成鳄对卵和幼鳄会精心照看。

尼罗河鳄鱼有和千鸟共生的习性，这种小鸟经常栖息在尼罗河沙洲上。它和鳄鱼不仅是好朋友，而且还经常在鳄鱼身上找小虫吃，有时还能进入鳄鱼嘴里啄吃寄生于鳄鱼口内的水蛭。有时鳄鱼的口偶然闭合，小千鸟被关在鳄鱼口内，可是鳄鱼并不会吞下这种小鸟，而是要小鸟轻轻地击它的上下颚，鳄鱼才会张开嘴，让小鸟飞出来。千鸟是一种感觉敏锐的鸟类，只要听到一点动静，它就会喧哗惊起。所以，每当鳄鱼张口轻寐时，只要有异样的响声，千鸟立即喧噪，从而惊醒正在睡梦中的鳄鱼。于是，鳄鱼就可以立即沉入水底，避免意外的袭击。

尼罗鳄是具有极高经济价值的珍稀动物。它全身都是宝：鳄皮是高级皮革；鳄肉属低胆固醇的高档美食，不仅味道鲜美，而且营养丰富；血液和骨骼都是极为珍贵的药材。此外，尼罗鳄作为稀有的大型爬行动物，由于体型巨大，对环境的适应性强，具有很高的观赏价值，特别适合旅游景点的参观和表演，是开发旅游业的重要资源之一。

湾　　鳄

湾鳄，又称为海鳄、咸水鳄。成体全长6～7米，最长达10米，体重超过1

吨，是现存最大的爬行动物。其吻较窄长，前喙较低，吻背雕蚀纹明显，眼前各有一道骨脊趋向吻端，但互不连接。外鼻孔单个，开于吻端；鼻道内无中隔，其后端边缘无横起缘褶而有腭帆。眼大，卵圆形外突。虹膜绿色，有上下眼睑与透明的瞬膜，也有瞬膜腺与泪腺。耳孔在眼后，细狭如缝。

湾鳄的下颌齿列咬合时，与上颌齿列交错切接在同一垂直面上，头后无枕鳞。颈部与头、躯干无明显区别，颈背散列的颈鳞合成方块，左右各有1枚纤长骨鳞。躯干长筒形，为头长的5倍。背鳞16～17行，从第六行起棱而不成鬣，棱鳞到尾巴最外一行形成2行尾鬣。尾粗，侧扁，其长超过头、体的总和，是袭击猎物的强有力武器。四肢粗壮，后肢较长，5趾，第五趾短小，趾基有蹼，外趾全蹼，内侧2趾半蹼，内侧3趾有爪，肢体后缘鳞片起棱成锯缘。背呈深橄榄色或棕色，腹部为浅白色；幼体色浅，有深红色斑点，或底色较深，有浅色斑点；吻部颜色较为鲜明。

湾鳄一般都生活在海湾或大海里。在淡水江河边的林荫丘陵营巢，以尾扫出一个7～8米的平台，台上建有直径3米的鳄卵巢，巢距河一般约4米，以树叶丛荫构成。每巢有卵50枚左右，卵径80毫米×55毫米；母鳄守候巢侧，还时常甩尾洒水濡巢，保持30～33℃温度，75～90天孵化。雏鳄出壳后，体长240厘米，3年后可长至10米左右，雏鳄体重5.2千克左右，性情凶猛，不易驯化。成鳄经常在水下，只眼鼻露出水面。耳目灵敏，受惊立即下沉。午后多浮水晒阳光，夜间外出活动。5～6月交配，连续数小时，而受精仅1～2分钟，7～8月产卵。

雄鳄有独占领域的习性，经常会驱斗擅自闯入者，一般情况下，是一雄率群雌。常食鱼、蛙、虾、蟹，也吃小鳄、龟、鳖等。咀嚼力强，能咬碎海龟的硬甲和野牛的骨头。

湾鳄主要分布于东南亚沿海到澳大利亚的北部地区。

密西西比鳄

密西西比鳄，又名密河鳄、美洲鼍。分布于美国弗吉尼亚至北卡罗来纳以南。体型较大，体长3～4米，体重70～100千克。它的体形扁而长，明显地分为头、颈、躯干、尾和四肢。头部较宽，吻部扁而阔，上面平滑。吻端有可以开启的一对外鼻孔。眼睛很大，凸出于头部两侧。牙齿呈锥状，像锯齿一样，十分锋利。躯干部略扁平，背面暗褐色，腹面黄色，背部和腹部有短形鳞片。四肢较短，后肢比前肢稍长，尾扁而长。

密西西比鳄栖息于多草多树木的沼泽、河流、湖泊等地。虽然看上去有些笨拙，但它行动起来却非常灵活。密西西比鳄喜欢在水中活动和捕食。它的猎物主要是雀鳝、梭鱼、鲇鱼等鱼类，还有小鸟、麝鼠和负鼠等小动物。此外，它还常常捕食海龟等龟鳖类爬行动物。

密西西比鳄具有十分敏锐的视觉，无论在陆地还是水中，视力都很强，能帮助它准确地捕捉猎物。它进食的时候，先要抬起头，离开水面，抓住猎物游到岸上，以防止水流随食物进到胃里。它们常常把猎物整个吞进肚里，有时也将猎物撕成小块再吞掉。

为了保持一定的体温，密西西比鳄经常爬到岸上晒太阳，到了冬天，它们挖掘洞穴在里面冬眠。一般在夏季繁殖，每窝一般产卵15～18枚，靠自然温度孵化，孵化期为2～3个月。

密西西比鳄发育很快，在出生后的第一年，身长便能增长2倍。两岁时，便可以同成体一起捕捉猎物了。但是在最初的5年中，不论在陆地上，还是海里，都有天敌对它们虎视眈眈，稍有不慎，便会丧生。在陆地上，它们最危险的敌人是浣熊和海龟。正常情况下，密西西比鳄不吃自己的幼仔。然而，当它们极度饥饿时，幼仔也会成为成体捕食的对象。幼鳄长到四五岁后，就没有什么动物可

以伤害到它们了。进入成年的密西西比鳄,身上黑黄相间的斑纹会消失,取而代之的是一层浅灰色,上面有深深的斑点。寿命一般为56～85年。

响 尾 蛇

响尾蛇,属蝮蛇科(响尾蛇科),是一种管牙类毒蛇,蛇毒是溶血型毒。主要分布于南、北美洲。

响尾蛇体长1.5～2米,呈黄绿色。在眼和鼻孔之间具有颊窝,是热能的灵敏感受器,可用来测知周围敌害的准确位置。背部具有菱形黑褐斑,尾部末端具有一串角质环,为多次蜕皮后的残存物。当遇到敌人或急剧活动时,会迅速摆动尾部的尾环,每秒钟可摆动40～60次,能长时间发出响亮的声音,致使敌人不敢近前,或被吓跑,故称为响尾蛇。

响尾蛇属肉食性蛇类,喜食鼠类、野兔,有时也会捕食蜥蜴、其他蛇类和小鸟。常会多条聚集一起进入冬眠。卵胎生,每次产蛇多达8～15条。

响尾蛇蜕皮是为了成长,每次蜕皮,皮上的鳞状物就被留下来添加到响环上。当它四处游动时,鳞状物会掉下来或是被磨损。

响尾蛇的蛇毒奇毒无比,少量毒液就足以将被咬噬之人置于死地,而且死后的响尾蛇也一样危险。美国的研究指出,响尾蛇即使在死后一小时内,仍可以弹起施袭。这是因为,响尾蛇在咬噬动作方面有一种反射能力,而且不受脑部的影响。研究者访问了34名曾被响尾蛇咬噬的伤者,其中5人表示,自己是被死去的响尾蛇咬伤。即使这些响尾蛇已经被人击毙,甚至头部遭到切除,仍有咬噬的能力。

竹 叶 青

竹叶青,又名青竹蛇、焦尾巴,属蝰蛇科蝮亚科竹叶青蛇属。竹叶青主要分布于我国长江以南各省区,同时也分布在西部,向北可延伸至北纬33°(甘肃文县）附近，吉林长白山也曾发现。

竹叶青通身绿色，腹面稍浅或呈草黄色，眼睛、尾背和尾尖呈焦红色。体侧有一条由红白各半的或白色的背鳞缀成的纵线。头较大，呈三角形，眼与鼻孔之间有颊窝（热测位器），颈细，尾较短，具缠绕性。头背都覆盖着小鳞片，鼻鳞与第一上唇鳞被鳞沟完全分开。躯干中段背鳞19～21行；腹鳞150～178枚；尾下鳞54～80对。

竹叶青是树栖性蛇，生活于海拔150～2 000米的山区溪边草丛中、灌木上、岩壁或石上、竹林中、路边枯枝上或田埂草丛中。多于阴雨天活动，在傍晚和夜间最为活跃。以蛙、蝌蚪、蜥蜴、鸟和小型哺乳动物为食。卵胎生，8～9月产仔蛇4～5条。

竹叶青是福建、台湾、广东等省毒蛇咬伤人畜的主要蛇种。它们平均每次排出毒液量约30毫克，咬人时的排毒量很小。其毒性主要以出血性改变为主，中毒者很少死亡。伤口牙痕2个，间距0.3～0.8厘米。伤口有少量渗血，疼痛剧烈，呈烧灼样，局部红肿，可溃破，发展迅速。全身症状有恶心、呕吐、头昏、腹胀痛。部分患者有黏膜出血、吐血、便血症状，严重的会出现中毒性休克。

网 纹 蟒

网纹蟒，又称霸王蟒，原产于马来西亚婆罗洲。现主要分布于泰国、马来西亚、缅甸、印度尼西亚及菲律宾等东南亚地区，有的还分布在亚马孙河流域。网纹蟒体长9米左右，最大体长达14.85米，体重800千克，体形细长，无毒，是世界第二大蛇类，仅次于南美洲的绿森蚺。

网纹蟒上唇鳞有凹陷的唇窝。头部有三条黑细纹，一条在头部正中，另两条由两眼延伸到嘴角。身体背部为灰褐色或黄褐色，有复杂的钻石型黑褐色及黄或浅灰色的网状斑纹花纹，故得其名。虽体细长，却是很强力的掠食者，有许多人类被杀且吞噬的记录。

网纹蟒主要生活在热带雨林的森林地区及草地环境中，是夜行性动物，具有树栖性，白天缠绕树上休息，夜间出来捕食活动。主要以哺乳类、鸟类、鱼类、大型蜥蜴及其他蛇类为食。有时出现在村庄，袭击家畜，甚至捕杀人类。

网纹蟒在凉爽季节交配和繁殖。卵生，每次产卵30～100枚。网纹蟒一直被人类捕杀，数量锐减，现已列入《濒危野生动植物种国际贸易公约》附录Ⅱ。

第四节
濒危爬行动物

大 壁 虎

大壁虎是最大的一种壁虎，体长12～16厘米，尾长10～14厘米，体重50～100克。它的外貌与一般壁虎相似，背腹面略扁，头较大，呈扁平的三角形，像蛤蟆的头，眼大而凸出，位于头部的两侧；口也大，上下颌有很多细小的牙齿。颈部短而粗。皮肤粗糙，全身长有密生粒状的细鳞，背部有明显的颗粒状疣粒，分布在鳞片之间。

大壁虎通常栖息在山岩或荒野的岩石缝隙、石洞或树洞内，有时也在人们住宅的屋檐、墙壁附近活动。听力较强，但白天视力较差，怕强光刺激，瞳孔经常闭合成一条垂直的狭缝。夜间出来活动和觅食，夜间瞳孔可以扩大4倍，视力增强，灵巧的舌还能伸出口外，偶尔舔掉眼睛表面上的灰尘。它的动作敏捷，爬行的时候头部离开地面，身体后部随着四肢左右交互地扭动前进，脚底的吸附能力很强，能在墙壁上爬行自如。因为其足垫和脚趾下的鳞上密布着一排排成束的像绒毛一样的微绒毛，如同一只只弯形的小钩，所以能够轻而易举地抓牢物体，可以在墙壁甚至玻璃上爬行，微绒毛顶端的腺体的分泌物也能增强它的吸附力。

大壁虎主要捕食蝗虫、蟑螂、土鳖、蜻蜓、蛾、蟋蟀等昆虫及幼虫，偶尔也吃其他蜥蜴和小鸟等，咬住东西往往不松嘴。它的尾巴易断，但能再生，这是由于尾椎骨中有一个光滑的关节面把前后半个尾椎骨连接起来，这个地方的肌肉、皮肤、鳞片都比较薄而松懈，所以在尾巴受到攻击时就可以剧烈地摆动身体，通过尾部肌肉强有力的收缩，造成尾椎骨在关节面处发生断裂，以此来逃避敌害。由于尾巴是以糖原的形式而不是单纯以脂肪的形式储存能量，而糖原化脂肪更容易释放能量，所以刚断下来的尾巴的神经和肌肉尚未死去，会在地上颤动，可以起到转移天敌视线的作用，因此在民间还流传着大壁虎的断尾巴会钻到人的耳朵里去的荒谬说法。断尾以后，自残面的伤口很快就会愈合，形成一个尾芽基，经过一段细胞分裂增长时期，然后转入形成鳞片的分化阶段，最后长出一条崭新的再生尾，但与原来的尾巴相比，显得短而粗。不过，大壁虎只有在迫不得已的时候才会断尾，因为断尾毕竟是它身体上所受的严重损伤，不仅失去了尾巴上储存的脂肪，而且还因此而失去了它在同类中的地位。尤其是在求偶时，尾巴完整的大壁虎对于失去尾巴的大壁虎有着极大的优势。大壁虎通常在3～11月活动频繁，12月至次年1月在岩石缝隙的深处冬眠。

大壁虎作为医药成分常常被捕猎，除去内脏干制的整体中药称蛤蚧，常成对出售，用量甚大。活体还被加工成各种中成药，如蛤蚧酒、蛤蚧精、蛤蚧补肾丸、蛤蚧定喘丸等销售国内外。每年仅广西一地收购量即达数十万对之多，由于大量捕捉，产量剧减，价格大幅度上涨，从而刺激群众更加乱捕滥猎，以致陷于枯竭状况。此外，自然环境遭到破坏，大壁虎的栖息地逐渐缩小，也是影响它数量减少的一个重要因素。现在，大壁虎已被列为国家二级重点保护野生动物，属《中国濒危动物红皮书》中的濒危等级。

玳　　瑁

玳瑁，又称十三鳞，古名文甲，属龟鳖目海龟科。主要分布于大西洋、太平

洋和印度洋。中国北起山东、南至广西沿海均有分布。玳瑁是大型海龟，体长可达1米，体重可达50千克左右，背甲共有13块，作覆盖状排列，所以得名“十三鳞”。成体甲壳为黄褐色，平滑有光泽。尾短，前后肢各具2爪。头、尾和四肢均可缩入壳内，背甲和头顶鳞片为红棕色和黑色相间，颈及四肢背面为灰黑色，腹面为白色。

玳瑁生活于海洋，性情凶猛，属掠食性龟类，以鱼、虾、蟹、贝等为食，兼食海藻。产卵期为3～4月。产卵时，白天爬上沙滩扒穴产卵，坑穴直径约20厘米，深约30厘米，产卵雌龟背甲长60～80厘米。一个产卵期内分3次产卵，每次产卵130～200枚。卵呈球形，壳比较软，有弹性。卵径约3.5毫米。依靠自然界的温度孵化，孵化时间长，约需2个月。初孵出的幼龟背甲未完全坚硬，但已有覆瓦状排列，龟甲长40～46厘米。幼龟颈部可自由伸缩，但不能前后左右转动。

在所有的海龟中，玳瑁在身体构造和生态习性上有一些独一无二的特征，这些特征中包括玳瑁是已知唯一一种主要以海绵为食的爬行动物。玳瑁喜欢在珊瑚礁、大陆架或是长满褐藻的浅滩中觅食。虽然玳瑁是杂食性动物，但它们最主要的食物仍是海绵。海绵占据了加勒比玳瑁种群膳食总量的70%～95%。不过像其他以海绵为食的动物一样，玳瑁只觅食几个特定的海绵物种，除此之外其他海绵不会成为它们的食物。

玳瑁已被列入《濒危野生动植物种国际贸易公约》，我国也将其列为国家二级重点保护野生动物。

太平洋丽龟

太平洋丽龟，俗名丽龟、橄龟、姬赖利海龟。主要分布于印度洋、太平洋的温水水域。在东太平洋，主要分布于加利福尼亚湾至智利一带。在西太平洋向北分布到日本的南部地区。我国沿海从南海至黄海南部均有分布，江苏、上海、浙江、福建、台湾、海南及广西等海域均有记录。

太平洋丽龟是海生龟类中最小的一种，一般甲长60厘米左右，最长不超过80厘米，体重约12千克，背甲的长度与宽度几乎相等，头背前额鳞2对。肋盾多，共6～9对，第一对与颈盾相切。腹部有4对下缘盾，每枚盾片的后缘有一小孔。四肢扁平如桨，头、四肢及体背为暗橄榄绿色，腹甲淡橘黄色。

它们大多栖息于热带浅海海域，并在该地区繁殖。丽龟是杂食性动物，主要捕食底栖及漂浮的甲壳动物、软体动物、水母及其他无脊椎动物，偶尔也食鱼卵，也吃植物性食物。在水深80～110米的地区，用捕对虾的拖网可捕到丽龟。

丽龟每年9月至次年1月产卵。在繁殖时，有集群上岸产卵的现象。每次产卵90～135枚。产卵后，它们会在巢穴附近海域觅食活动。

丽龟已被列入《濒危野生动植物种国际贸易公约》附录Ⅰ，禁止以商业性为主的国际贸易。我国第七届全国人民代表大会常务委员会第四次会议，在1988年11月8日通过了《中华人民共和国野生动物保护法》，已将其列为国家二级重点保护野生动物，并于1989年3月1日施行。

四爪陆龟

四爪陆龟，别名草原陆龟，是世界上仅有的3种陆龟之一。我国四爪陆龟唯一生存的地方在新疆霍城县境内。

四爪陆龟背壳高而圆，呈圆拱形，体长略大于体宽。成体背甲黄橄榄色，幼体略呈草绿色。背甲由36片对称排列的盾片组成，盾片上具有不规则的黑斑，并可清晰地分出一圈圈的环纹。腹甲黑色，由11片对称排列的盾片组成，盾片边缘为黄色。龟壳花纹美丽，构成了保护色，有利于在荒漠草原的环境中隐蔽。头部很小，上具对称排列的大鳞片。四肢粗壮呈圆柱形，其上覆瓦状排列着角质鳞片。每肢都有四爪，爪尖而锐利，四爪陆龟由此得名。四爪间无蹼，遇到危险时或休息时，头和四肢能藏入甲腔内。雌雄性别易于区分，雌龟尾短，尾柄粗，雄龟尾细长。

四爪陆龟多生活在海拔650～1 100米的天山山前的黄土丘陵地带。该区域为山前倾斜平原向山地的过渡带，由北向南形成阶梯地貌。丘陵之上为第四纪形成的黄土所覆盖，土层较厚，黄土之下为第三纪页岩。四爪陆龟自然保护区属温带半干旱气候，年降水量220毫米，集中在6月。四爪陆龟自然生活栖息地的土壤为灰钙土，土层较厚，土质疏松，湿度大，适于四爪陆龟营造洞穴。自然保护区的植被属半荒漠类型，为短命蒿属和藜属植物构成的植被复合体。

四爪陆龟的生活习性与气候条件的变化密切相关，晴天在山坡取食，阴天和夜晚躲在洞中。一天中，早晨8～9点开始活动，14点后由于气温升高，常躲在草丛中或临时洞穴中休息，16点以后又开始活动，太阳落山前后（一般为21～22点）掘临时洞穴藏身休息。一年中，始出现于3月末、4月初，入眠时间为8月末，休眠期达7个月，出蛰后随即进入繁殖期。

四爪陆龟多在5～6月产卵。在阳光充足的丘陵、旱田边，雌龟先挖掘10厘米深的土穴，将卵产于其中，刚产的龟卵上有黏液，且较多。卵产完后，龟用后肢将卵掩盖好。每次产卵2～4枚。其卵椭圆形，卵壳白色，较坚硬。卵长径为39～47毫米，短径为23～30毫米，卵重12～25克。四爪陆龟卵的孵化完全靠大自然的光照、雨水等因素，在自然状态下，龟的孵化期为60天左右。

四爪陆龟是中亚地区特有的物种，属国家一级重点保护野生动物，在我国仅分布于新疆天山伊犁谷地霍城县境内的狭小区域，数量十分有限。据新疆霍城四爪陆龟自然保护区统计，我国现存的陆龟不足2 000只，其中在野外生存的四爪陆龟约有295只，人工饲养点内放养的陆龟约有1 500只，陆龟数量还在不断减少。资料显示，四爪陆龟个体发育缓慢，13～14岁性成熟，因此种群自然增殖率极低。

近年来，由于陆龟自然保护区周围人口密集，人畜活动频繁，加之旱田耕作，过度放牧和捕杀，四爪陆龟的生存环境遭到破坏，致使四爪陆龟的栖息面积不断缩小。同时，栖息地人口的逐渐增多，旱田耕作面积日益扩大，其栖息环境也逐年减少。加上旱田实行耕种一年，搁荒一年，重新开荒地的习惯，开荒后的草原植被被彻底破坏，致使四爪陆龟喜食的牧草不复存在。破坏后的草原已逐渐由蒿属荒漠植被向角果藜荒漠植被转化，同时总覆盖度明显下降，从而导致四爪陆龟的分布区域越来越小。另外，人为捕杀也是导致四爪陆龟减少的原因之一，每到春季当地及外地群众大量捕捉，供食用及药用，由于捕捉多在繁殖及繁殖前期，严重地影响了陆龟的数量。

山　瑞　鳖

山瑞鳖，俗名山瑞、瑞鱼。在国内主要分布在广东、香港、海南、广西、云南、贵州等地；国外主要分布在越南、夏威夷群岛、马斯克林群岛等。

山瑞鳖3岁即可达性成熟，成熟个体背甲长23～30厘米，宽11～20厘米，体重1.2～1.4千克，最大个体可达9～10千克。形态与鳖相似，主要区别是颈基部两侧及背甲前缘有粗大疣粒。体型较大，背甲呈卵圆形，头较大，头背皮肤光滑，背、腹甲骨板不发达，表面覆以柔软的革质皮肤，周边有较厚的裙边。头部前端凸出，形成吻突，前端有鼻孔，眼小而瞳孔圆。颈长，肢扁平，均具5指、趾，内侧3趾有爪，指趾间蹼发达。仅头、颈可缩入壳内。

山瑞鳖生活在山地的河流和池塘中，尤其喜欢生活在清澈流动的山涧溪流中。白天很少活动，偶尔上岸晒晒太阳，夜里上岸活动、觅食。喜静怕惊，对环境的适应性强。饱餐后可维持一周不进食，以水栖小动物、软体动物、甲壳动物和鱼虾等为食。

山瑞鳖的生长适温是18～28℃，温度低于18℃就停止进食。低于15℃就潜伏于淤泥中冬眠。一般11月至次年3月为冬眠期。春夏季交配繁殖，每年产卵2次，少数3次，每次产卵3～18枚。

山瑞鳖数量正在逐年减少，属极危物种，是国家二级重点保护野生动物。

鼋

鼋外形像龟，生活在水中，短尾，背甲暗绿色，近圆形，长有许多小疙瘩。淡水龟鳖类中体型最大的一种，体长80～120厘米，体重50～100千克，最大的超过100千克。

鼋的外形和常见的中华鳖很相似，浑身都是柔软的皮肤，没有龟类那样的角质盾片，背、腹两面由骨板包被，左右两侧连接起来，形成一副特别的“铠甲”，但也与中华鳖有很多区别，除了体型较大之外，吻部极短，不像中华鳖那样长而尖。它的头部较钝、宽而较扁，鼻孔小，位于吻端，吻部较短，不凸出。身体扁平，呈圆形，背部较平，背甲不凸出，呈板圆形。颈的基部和背甲的前沿较为光滑，后部有瘤状突起。背部呈褐黄色或褐绿色，头部、腹部为黄灰色，尾巴和后肢为黄灰色，后肢的腹面有锈黄色的斑块。第三、第五趾的趾端具爪，趾间的蹼较大。肛门呈灰黑色。

鼋栖息于水质澄清、流速较缓的江河或水库深处，不常迁移，喜欢栖息在水底。只有在其栖息地发生改变时，才会被迫迁移，并有结群现象。鼋是夜行性动物，常在晚上游到浅滩觅食螺、蚬、蛙、虾、鱼等动物，且食量极大，一次能吃进相当于体重5%的食物，然后半个月内可以不再进食。捕食时，鼋会潜伏于水域浅滩边，将头缩入甲壳内，仅露出眼和喙，待猎物靠近时，发出致命攻击。鼋不仅能用肺呼吸，还能用皮肤，甚至咽喉吸氧，进行呼吸，正是这种特殊的生理功能确保了鼋在水底冬眠时不被淹死！每年11月鼋都会准时开始在水底冬眠，一直到次年4月，长达半年之久，可谓“睡神”。而在夏秋季节鼋会每隔一段时间浮出水面进行换气。浮出水面时一般都是头部朝下游动，但是在夏季有时也会头部朝上游动而浮起来，民间则认为这种行为预示着暴风雨即将来临，因此称其为“气象预报员”。

鼋在每年春季和夏季交配繁殖，雌性大多在夜间上岸，到向阳的沙土地上掘穴产卵，每次产十几枚到数十枚不等，产卵之后用沙土盖好，还要在上面爬上几圈，作为伪装，然后从另一条路返回水中。由于鼋对于汛期内江水的涨落极为敏感，甚至似乎能够预知当年洪水的水位高低，如果洪水较大，就产卵于岸边的高处，反之就产卵于地势较低的地方，这也使得了解鼋的习性的人们借此来判断当年洪水的大小，以便制订防汛的计划和措施。它的卵靠自然温度孵化，40～60天孵化出幼体。幼体出壳之后便自行爬到水中，先在浅水地带活动和觅食，体重达到1.5千克时再游到深潭中，俗称“沉潭”。大约长到15千克时达到性成熟。

1 000多年前，鼋广泛分布于我国南方诸省的江河湖泊和溪流深潭中，由于生态环境的变迁，人为地肆意捕杀，加上鼋的背甲骨板可以入药，且肉味鲜美，鼋遭到了大量捕杀，现在的数量已经不多，被列为国家一级重点保护野生动物。

鳄　蜥

鳄蜥，俗名大睡蛇、水蛤蚧、落水狗、潜水狗，是中国的特有物种，主要分布于广西等地。

鳄蜥是爬行动物中比较古老的一类，其全身为橄榄褐色，侧面较淡，染有桃红或橘黄色并杂有黑斑，背部至尾巴的端部有暗色的横纹，腹面呈乳白色，其边缘带有粉红色或橘黄色。头部前端较尖，后部为方形，略呈四棱锥形，顶部平坦，平铺着不显著的细鳞，颅顶部的中央有一个明显的乳白色小点，称为颅顶眼。

鳄蜥的颈部明显，并且与头部之间有明显的纵沟分开，在颈沟的后背面有数行较大的棱鳞，中间夹有颗粒状的小鳞，颈侧棱鳞半稀，有灰色、黄色、粉红色，于前肢的上前方颈侧有一个显著的圆形黑斑。背腹略扁，背部鳞较少，只有颗粒状的细小鳞片散布在大的棱状鳞片间，棱峪状鳞片近似纵行于体背排列，并延伸到尾部，行至后肢处则形成规整的两行排列于尾背两侧。尾部侧扁，在尾巴背面的两侧各具纵行排列的大形棱峪状鳞片，中间凹陷似深沟，棱峪状鳞片在尾巴的基部相距较宽，往尾端伸延则逐渐变窄，但并不汇合。鳄蜥的四肢较为粗壮，趾端的爪尖细。前肢的上臂较前臂略短，为橄榄褐色，靠体侧一面密布凸出的粒状细鳞，颜色为黄白

色。鳄蜥天生不爱活动，当地人喜欢称之为“大睡蛇”，它们可以一个月不吃不喝而不影响生存。

鳄蜥是我国的特产物种，在地理分布上极为特殊，我国最先曾在广西大瑶山一带的贺县（现贺州市）里松乡姑婆山、昭平九龙乡、北陀乡和金秀瑶族自治县的罗香乡的平竹、罗莲、罗丹、罗香的冲沟附近，以及广东韶关曲江罗坑镇发现鳄蜥，而广西大瑶山发现的鳄蜥又名瑶山鳄蜥。2007年，坐落在广东省信宜市思贺镇双垌范围内的茂名市林州顶自然保护区里，当地居民开始陆陆续续发现疑似野生鳄蜥的踪迹，2008年经过华南濒危动物研究所及多方研究人员鉴定确是鳄蜥。这是中国也是世界上首次发现生活在北回归线以南的鳄蜥，这一重大发现使鳄蜥的种群数量及分布图被重新改写。

鳄蜥栖居于海拔760米以下的沟谷中，一般都是溪流不大的积水坑。周围怪石嶙峋，灌木丛生，树叶叶缘多为锯齿形，与鳄蜥尾部的缺刻类似。溪沟阴湿，岩石及树干的色泽也与鳄蜥的体色类似。这些都为鳄蜥隐藏其中提供了良好的掩蔽作用。

鳄蜥生活在山间溪流的积水坑中，晨昏活动，白天在细枝上熟睡，受惊后立即跃入水中。鳄蜥的脑是爬行动物中最小的，只有花生米那样大小。白天它不吃不喝只管大睡，到了晚上出洞觅食。

鳄蜥在爬行的时候最为有趣，它一步三摇令人可笑。也许有人替它担心，如果碰到敌害，它一步三摇如何是好。这没关系，只要它一发现有敌情，它就能迅速地逃跑。

雄性和雌性从色斑等特征上不易区别，但雄性的色斑大多比较鲜艳。如果捕捉后强压它的尾基，则会由泄殖腔孔出现一对短粗的肉棒，这是雄性交配器官，可以与雌性进行体内授精。8月前后是繁殖季节，卵胎生，每次产幼蜥4～8条。

许多国家已把鳄蜥列为保护动物，我国也已将其列为国家一级重点保护野生动物，并于1989年施行。1996年，鳄蜥更被列入《中国濒危动物红皮书》。

巨　　蜥

巨蜥体长一般为60～90厘米，最大的可达2～3米，体重一般20～30千

克，尾长70～100厘米，最长的可达150厘米，通常约占身体长度的3/5。它是我国蜥蜴类中体型最大的种类，也是世界上较大的蜥蜴类之一。头部窄而长，吻部也较长，鼻孔近吻端，舌较长，前端分叉，可缩入舌鞘内。全身都布满小而凸出的圆粒状鳞，成体背面鳞片黑色，部分鳞片杂有淡黄色斑，腹面淡黄或灰白色，散有少数黑点，鳞片为长方形，呈横排。幼体背面黑色，腹面黄白色，两侧有黑白相间的环纹。

巨蜥分布于中国的广西、广东、云南的南部、海南等地，大部分为野生；国外分布于马来西亚、缅甸、泰国、印度尼西亚及澳大利亚北部等地。

巨蜥以陆地生活为主，喜欢栖息于山区的溪流附近或沿海的河口、山塘、水库等地。昼夜均外出活动，但以清晨和傍晚最为频繁。虽然身躯较大，但行动却很灵活，不仅善于在水中游泳，也能攀附矮树。以鱼、蛙、虾、鼠和其他爬行动物等为食，也到树上捕食鸟类、昆虫及鸟卵，偶尔也吃动物尸体，还时常爬到村庄偷食家禽。

巨蜥的雌性于6～7月的雨季在岸边洞穴或树洞中产卵，每窝产卵15～30枚，卵的大小为70毫米×40毫米，孵化期为40～60天。巨蜥的寿命一般可达150年左右。

巨蜥性好斗，较凶猛，遇到危险时，常以强有力的尾巴做武器抽打对方。巨蜥在遇到敌害时有许多不同的表现，如立刻爬到树上，用爪子抓树，发出噪声威吓对方；一边鼓起脖子，使身体变得粗壮，一边发出嘶嘶的声音，吐出长长的舌头，恐吓对方；把吞吃不久的食物喷射出来引诱对方，自己趁机逃走。但更多的时候，是与对方进行搏斗。通常将身体向后，面对敌人，摆出一副格斗的架势，用尖锐的牙和爪进行攻击，在相持一段时间后，就慢慢地靠近对方，把身体抬起，出其不意地甩出那长而有力的尾巴，如同钢鞭一样向对方抽打过去，使其惊慌失措而狼狈逃窜，甚至丧生于巨蜥的尾下。如果对方过于强大，它就爬到水中躲避，能在水面下停留很长时间，所以在云南西双版纳，当地同胞都叫它“水蛤蚧”。

巨蜥有很高的经济价值，导致人们对其随意捕捉，使原本数量较少的巨蜥已到灭绝边缘。1989年已被列为国家一级重点保护野生动物，同时也被列入《濒危野生动植物种国际贸易公约》。目前，在中国不仅建立了巨蜥自然保护区，同时还鼓励人工饲养繁殖，以此来拯救数目稀少的巨蜥。

蟒　蛇

蟒蛇，又名金花蟒蛇、金华大蟒、印度锦蛇、黑为蟒、琴蛇、蚺蛇、王字蛇、南蛇、埋头蛇、黑斑蟒等。在国内主要分布在广东、海南、广西、云南、福建等省区；在国外主要分布在缅甸、老挝、越南、柬埔寨、马来西亚、印度尼西亚等地。

蟒蛇的体型粗大而长，是世界上较原始的蛇类，同时还是世界上蛇类品种中最大的一种。体长一般可达5～7米，最大体重在50～60千克，属无毒蛇类，具有明显的后肢痕迹。在雄蛇的肛门附近具有后肢退化的明显角质距，但雌蛇退化较为明显，很容易被忽略。另外，它有1对发达的肺，而其他高等的蛇类却只有1个或1个退化的肺。蟒蛇的体表花纹非常美丽，对称排列成云豹状的大片花斑，斑边周围有黑色或白色斑点。体鳞光滑，背面呈浅黄色、灰褐色或棕褐色，体后部的斑块很不规则。蟒蛇头小呈黑色，眼背及眼下有一黑斑，喉下黄白色，腹鳞无明显分化。尾短而粗，具有很强的缠绕性和攻击性。

蟒蛇属树栖性或水栖性蛇类，大多生活在热带雨林和亚热带潮湿的森林中，为广食性蛇类。主要以鸟类、鼠类、小野兽及爬行动物和两栖动物为食，其牙齿尖锐、猎食动作迅速准确，有时也会进入村庄捕食家禽和家畜，有时雄蟒也伤害人。蟒蛇胃口很大，一次可吞食与体重相等或超过体重的食物。消化力强，除猎获物的兽毛外，皆可消化，饱食后可数月不食。

蟒蛇有缠绕性，常用身体攀缠在树干上，也善于游泳。喜热怕冷，最适宜温度25～35℃，20℃时少活动，15℃时开始进入麻木状态，如气温继续下降到5～6℃时即死亡；在强烈的阳光下暴晒过久也会死亡。蟒蛇取食时，温度一般都在25℃以上，冬眠期4～5个月，春季出蛰后，白天活动。夏季高温时常躲进阴凉处，于夜间活动捕食。捕食时突然袭击咬住猎获物，或者用身体紧紧缠住，将猎获物缢死，然后从猎获物的头部吞入。

蟒蛇为卵生，繁殖期短，每年4月出蛰，6月开始产卵，每次产卵8～30枚，多者可达百枚，卵长椭圆形。每卵均带有一个“小尾巴”，大小似鸭蛋，每枚重70～100克，孵化期60天左右。雌蟒产完卵后，有卵上孵化的习性。此时不食，体内发热，体温较平时升高几度，有利于卵的孵化。

在国内，蟒蛇已成为外贸收购站的收购对象，长期以来，对蟒蛇采取滥捕，不分季节和大小，任意收购和捕杀，导致数量大减；有些产地森林的开伐，致使蟒蛇的栖息环境范围缩小；产地的耍蛇人以蛇营利，长期使蛇脱离野生环境，影响其繁衍增生。因上述种种原因，蟒蛇数量日趋减少，处于濒危状态，被列为国家一级重点保护野生动物。

扬　子　鳄

扬子鳄，又称鼍，俗称土龙、猪婆龙，是中国特有的一种鳄鱼，也是世界上体型最细小的鳄鱼品种之一。20世纪70年代，它曾被携出国门，云游欧洲，自此名扬世界。

扬子鳄主要分布在长江中下游地区，它既是古老的，又是现在生存数量稀少、濒临灭绝的爬行动物。在扬子鳄身上，至今还可以找到早先恐龙类爬行动物的许多特征。所以，人们称扬子鳄为“活化石”。扬子鳄对于人们研究古代爬行动物的兴衰，研究古地质学和生物的进化，都有着重要意义。

我国已经把扬子鳄列为国家一级重点保护野生动物，严禁捕杀。为了使这种珍贵动物的种族能够延续下去，我国还在安徽、浙江等地建立了扬子鳄自然保护区和人工养殖场。

扬子鳄与同属的密河鳄相似，但其体型要小许多。成年扬子鳄的体长很少有超过2.1米的，一般只有1.5米左右。扬子鳄的吻短钝，属短吻鳄的一种。它们的头部相对较大，全身有明显的区别，分为头、颈、躯干、四肢和尾。全身皮肤覆盖着革制甲片，腹部的甲片较高。背部呈暗褐色或墨黄色，腹部为灰色，尾部长而侧扁，有灰黑或灰黄相间条纹。尾长与身长相近，头扁，外鼻孔位于吻端，具活瓣。初生小鳄为黑色，带黄色横纹。

扬子鳄在江、湖和水塘边掘穴而栖，白天隐居在洞穴里或在洞穴附近的岸边、沙滩上晒太阳，夜间外出觅食。扬子鳄性情非常凶猛，以各种兽类、鸟类、爬行类、两栖类和甲壳类为食。另外，扬子鳄还有冬眠的习性，因为它所在的栖息地冬季较寒冷，气温到0℃以下，这样的温度使得它只好躲到洞中冬眠。据观察，它冬眠的时间从10月下旬开始到次年4月中旬结束。它用以冬眠的洞有些不一般，洞穴距地面2米深，洞内构造复杂，有洞口、洞道、卧室、卧台、水潭、气筒等。卧台是扬子鳄躺着的地方，在最寒冷的季节，卧台上的温度也有10℃左右。它在冬眠的初始和即将结束的两个时段，入眠的程度不深，受到刺激能够有反应。中间这段时间较长，且入眠的程度很深沉，就好像死了似的，看不到它的呼吸现象。

刚刚从冬眠中苏醒过来的扬子鳄，首先要全力以赴去觅食，这时洞外已经是暮春时节了。过不多久，体力充分恢复后的扬子鳄，雌雄之间开始发出不同的求偶叫声，在百米之外可听到雄鳄洪亮的叫声，雌鳄较为低沉的叫声。它们以呼叫声作为信号，逐渐靠拢，聚合到一起。这时大约已经到了6月上旬。扬子鳄在水中交配，体内受精。到了7月初左右，雌鳄开始用杂草、枯枝和泥土在合适的地方建筑圆形的巢穴供产卵，每巢产卵10～30枚。卵为灰白色，比鸡蛋略大。卵上面覆盖着厚草，此时已是夏季最炎热的季节，很快，部分巢材和厚草在炎热的阳光照射下腐烂发酵，并散发出热量，鳄卵正是利用这种热量和阳光的热能来进行孵化。在孵化期内母鳄经常来到巢旁守卫，经过2个多月的时间，母鳄在巢边听到仔鳄的叫声后，会马上扒开盖在仔鳄身体上面的覆草等，帮助仔鳄爬出巢穴，并把它们引到水池内。仔鳄体表有橘红色的横纹，色泽非常鲜艳，与成鳄体色有明显的不同。

扬子鳄是中国特有的物种，在人工饲养条件下较难繁殖。在良好的环境中和精心饲养条件下，于1980年产下了第一批人工幼鳄，成为人工饲养下繁殖成功的先例。

第五章

鸟　类

第一节 鸟类概述

鸟类是整个动物世界中唯一长着羽毛的动物，属于恒温的高等脊椎动物。其新陈代谢极强，卵生。大多数鸟类生活在树上，也有少数生活于地面，部分种类有迁徙的习性。

鸟类通常是带羽毛、卵生的脊椎动物，有极高的新陈代谢速率，长骨多是中空的，所以大部分鸟类都可以飞。鸟类最先出现在侏罗纪时期，爬虫类和鸟类的始祖究竟是什么生物，在古生物学家中仍很有争议。

全世界现有鸟类9 000余种，我国有1 329种。绝大多数营树栖生活。少数营地栖生活。水禽类在水中寻食，部分种类有迁徙的习性。主要分布于热带、亚热带和温带。我国多分布于西南、华南、中南、华东和华北地区。鸟类体表被羽毛覆盖，前肢变成翼，具有迅速飞翔的能力。身体内有气囊；体温高而恒定，并且具有角质喙。

鸟类是脊椎动物中的一个大家庭，种类繁多，形态各异。根据其生活方式和结构特征，大致可分为6个生态类群，即游禽、涉禽、猛禽、攀禽、陆禽和鸣禽。

游禽体型大小相差悬殊，有些可长达170厘米，而有些只有27厘米。不同种类的游禽有着不同的双腿位置，这就决定了它们具有不同的潜水能力。一般腿越偏向身体后部，潜水能力越强，潜水深度越深；反之则不善潜水。

游禽的脚都长有肉质脚蹼，适于游泳，只是蹼的发达程度不同。比如，普通鸬鹚四趾间都有蹼相连，叫全蹼足；鸭雁类三趾间有蹼，称满蹼足；鸥类的趾间蹼不是很发达，称为凹蹼足。游禽大多数不善于在陆地上行走。

涉禽，在北美也称为水鸟，如鹳和鹭（这些地方的涉禽往往指长脚的涉水鸟类）。涉禽适应沼泽和水边生活，不会游泳，它们的嘴、颈、腿都较细长，脚趾也很长，适于涉水行进，低头从水底或地面取食。

涉禽有210个以上的物种，大多数物种都分布在湿地或沿海。北极和温带的一些物种多会迁徙，而热带的物种则常为留鸟（无迁徙习性）或只在不同降雨带迁徙。一些北极物种，如长途迁徙动物中的小滨鹬，非繁殖季节会在南半球活动。大多数涉禽会吃土壤中翻出来或暴露在外的小昆虫。

猛禽，在中国主要分布于黑龙江、新疆等省区。包括鹰类、隼类、鸢类等。猛禽体长40厘米左右。头部为白色，各羽的基部为黑褐色，并有两条黑褐色的横带。上体呈黑褐色，缀有白色的横斑。下体呈白色，并有黑褐色的横纹。猛禽的嘴和爪都弯曲锐利，翅膀也强大有力，能在上空翱翔并掠食活的猎物。猛禽通常栖息于针叶林或针阔混交林地带。主要以昆虫为食，也吃鼠类等小型啮齿类动物。

攀禽的嘴、脚和尾的构造都很特殊，善于在树干上攀缘生活，主要包括夜鹰、鹦鹉、杜鹃、雨燕、翡翠、翠鸟、啄木鸟、拟啄木鸟等次级生态类群。攀禽主要在有树木的平原、山地、丘陵或者悬崖附近活动，一些物种，如普通翠鸟，活动于水域附近，这很大程度上决定于其食性。攀禽的繁殖方式非常多样，大多在树洞、洞穴、岩隙中营巢繁殖，如翠鸟在土壁上挖掘洞穴繁殖，雨燕会在岩壁上或建筑物的缝隙中繁殖。还有一些鸟类多有占巢寄生的行为，不会营巢和抚育幼鸟，如杜鹃。大多数攀禽没有迁徙行为，只有少数物种为迁徙的候鸟。

陆禽主要栖息在陆地上，并经常在地面上活动，所以被称为陆禽。陆禽体格健壮，翅膀尖为圆形，不适于远距离飞行。嘴短钝而坚硬，腿和脚强壮而有力，爪为钩状，很适于在陆地上奔走及挖土寻食。松鸡、褐马鸡、孔雀等都属于这一类。陆禽主要食物为植物的叶子、果实及种子等。它们大多数用一些草、树叶、羽毛、石块等材料在地面筑巢，巢比较简单。

鸣禽种类繁多，占世界鸟类数的3/5，在我国云南已记录的就有507种之多。鸣禽身体多为小型，体态轻捷，活动灵敏，巧于筑巢。之所以称为鸣禽，是因为它们都善于鸣叫，由鸣管控制发音。鸣管结构复杂而发达，大多数种类具有复杂的鸣肌附于鸣管的两侧。鸣禽是鸟类中最进化的类群。分布广，能够适应多种多样的生态环境，因此外部形态变化复杂，相互间的差异十分明显。鸣禽多数种类营树栖生活，少数种类为地栖，如画眉、八哥、黄鹂、百灵等。

第二节 鸟类的特征

鸟类的骨骼很薄，但相当坚硬，而且骨头是空心的，里面充有空气。从鸟的骨骼解剖图可以看出，鸟的头骨是一个完整的骨片，身体各部位的骨椎也相互愈合在一起，肋骨上有钩状突起，互相钩接，形成强固的胸廓。鸟类独特的骨骼结构，为其飞行减轻了身体的重量，增强了飞翔的能力。

鸟骨相当轻，是现代建筑上优良的“轻质材料”。据分析，鸟骨只占鸟体重的5%～6%；而人类骨头占体重的18%。由于骨头轻，翅膀非常容易带动起来，加上鸟体内还有很多气囊与肺相连，这就更利于减轻体重、增加浮力。

鸟类是由古爬行类进化而来的一支适应飞翔生活的高等脊椎动物。它们的形态结构除与爬行类相似外，也有很多不同之处。这些不同之处一方面是在爬行类的基础上有了较大的发展，具有一系列比爬行类高级的进步性特征。如有高而恒定的体温，完善的双循环体系，发达的神经系统和感觉器官以及与此联系的各种复杂行为等；另一方面为适应飞翔生活而又有较多的特化，如体呈流线型，体表被羽毛，前肢特化成翼，骨骼坚固、轻便，具有气囊和肺，气囊是供应鸟类在飞行时有足够氧气的构造。气囊的收缩和扩张跟翼的动作协调。两翼举起，气囊扩张，外界空气一部分进入肺里进行气体交换。另外大部分空气迅速地经过肺直接进入气囊，未进行气体交换，气囊就把大量含氧多的空气暂时储存起来。两翼下垂，气囊收缩，气囊里的空气经过肺再一次进行气体交换，最后排出体外。这样，鸟类每呼吸一次，空气在肺里进行两次气体交换，可见，气囊没有气体交换的作用，它的功能是储存空气，协助肺完成呼吸作用。气囊还有减轻身体比重，散发热量，调节体温等作用。这一系列的特化，使鸟类具有很强的飞翔能力，能进行特殊的飞行运动。

鸟类翅膀结构的复杂性，绝不亚于鸟类本身的复杂性。鸟的翅膀上长有特殊排列的飞羽，当翅膀展开时，每根羽毛都略有旋转能力。上升时，空气可以自由通过各飞羽间的空隙；下降时，飞羽则形成连续不断的平面，对空气产生很大的阻力，托住鸟体。鸟翅羽毛的构造还能巧妙地运用空气动力学原理，当它们做上下扇动或上下举压时，能推动空气，利用反作用原理向前飞行；羽毛构造的合理性，能有效地减少飞行时遇到的空气阻力，还能起到除震颤消噪声的作用。

没有翅膀鸟类是无法飞行的，而在同样拥有翅膀的条件下，有的鸟能飞得很高、很快、很远；有的鸟却只能盘旋、滑翔，甚至根本不能飞。由此可见，有了翅膀，鸟与鸟之间还是不同的。

鸟类的羽毛轻而坚韧，其主要类型有两个：一类是正羽，它是鸟类外部的羽毛，分成正羽羽毛和飞羽；另一类是绒羽或软羽。其他羽毛的类型则是处于正羽和绒羽之间不太显著的中间类型，或者是由正羽和绒羽演化而来。

正羽是由很多连接的向外生长单元组成的拉伸翼，一个平面形态支撑中央的中肋（或羽轴）组成的，在形态上与传统的翎羽笔相像；背面是在羽毛生长期间输送营养物质的通道，是本羽根的延长物，中空。羽翼的结构很复杂。顺着羽轴的每个点有几百个平行的细丝或羽枝，沿着它的每个长度有几百对小羽枝。小羽枝是互相连接的，和羽枝一起拉开。羽毛是从特有的乳头状“鹅皮疙瘩”中生长出来的，每年在那里生出1个、2个或3个位置的羽毛。

绒羽的数量众多，它们比正羽形态简单、样式少。羽轴很短，那里没有小羽枝，羽枝也没有附在其他结构上，这个结果将导致绒羽有很多的绒毛。

鸟类的羽毛主要有六个重要的功能：① 使鸟类的身体四周与外界形成一个绝缘层；② 由羽毛所组成的翅膀和尾巴的表面结构是鸟类飞行的需要；③ 可以维持鸟类身体的防水性；④ 羽毛的着色能够和周围环境混为一体，对于鸟类的生存和完成生理功能提供伪装保护；⑤ 鸟类羽毛呈现出的显著颜色为鸟类的繁殖与求爱提供了特殊的表达方式；⑥ 羽毛的模式在种类识别中极为重要。

鸟类的喙，也就是鸟类的嘴。其功能相当于哺乳动物的齿和唇，主要用来获取食物——捕食、叼住、撕咬以及从水中过滤食物，有时也用来攀登、修饰、争斗和筑巢。鸟喙是角质的鞘,包在鸟类上下颌部。

鸟喙的形态多种多样,决定了它的功能各不相同。猛禽的喙尖锐而钩曲,适合撕碎捕猎物;雁鸭的喙扁平、有滤水的栉缘;食种子的鸟喙较粗并具锐利的切缘,利于切割和压碎食物;涉禽的喙细长;啄木鸟的喙强直而成凿状;空中飞捕昆虫的鸟喙短小,基部宽阔;交嘴雀的喙上下端呈交叉状,不能密合,适于松果中啄食松子;火烈鸟和犀鸟的喙结构高度特化,少数鸟类的喙在两性之间有所不同。

第三节
鸟类的常见家族成员

鸵　　鸟

鸵鸟生活在非洲的草原和沙漠地带，是现今所存最大的鸟类。但是它却是一种不会飞的“笨鸟”。鸵鸟不会飞主要是因为它体型太大，而且它的翅膀又极度退化，小得与身体的其他部位极不相称，而且鸵鸟的胸骨扁平，不具龙骨突，锁骨退化，且羽毛均匀分布，没有羽区及裸区之分，羽毛蓬松而不发达，羽枝上无小钩，因而不形成羽片，其身上的羽毛主要用来保湿。成熟的雄鸟体高1.75～2.75米，体重60～160千克。头小，且宽而扁平，颈长而灵活，裸露的头部、颈部以及腿部通常呈淡粉红色。它的嘴巴直而短，尖端为扁圆状；眼很大，继承了鸟类特征，且视力很好，具有很粗的黑色睫毛。后肢很粗大，只有2趾（第3、4趾），与一般鸟类有3～4趾不同，是鸟类中趾数最少者，内趾（第3趾）较大，具有坚硬的爪，外趾则无爪。后肢强而有力，除用于疾跑外，还可向前踢用以攻击。

雄性鸵鸟全身大多为黑色，翼端及尾羽末端的羽毛均为白色，并且呈美丽的波浪状；白色的翅膀及尾羽衬托着黑色的羽毛，雄鸟在白天时格外显眼，它的翅膀及羽色主要是用来求偶

的。雌性鸵鸟毛色大致与雄鸟相似，只是毛色较灰暗，不像雄鸟那么艳丽。幼鸟羽色棕灰，须经数次换羽，至两岁时才能达到成鸟的羽色，这种毛色主要是便于伪装。两性幼雏没有多大分别，甚至年轻的鸵鸟也相差很小，到目前为止仍无法从外貌分辨雌雄，只能从性器官去区别。

鸵鸟的性器官在成熟前都很小；雄性鸵鸟具交配器，在交配季节，成熟雄鸟的睾丸有人的拳头般大小，但在非繁殖期又会萎缩，直到下一个繁殖季才会膨大。

鸵鸟的骨盆为封闭形，左右耻骨在中线形成愈合。值得注意的是，鸵鸟的排尿和排粪是分开的，这与其他鸟类不同。

鸵鸟的卵颜色像鸭蛋，但比鸭蛋大很多，长达15～20厘米，重达1 400克，是鸟卵中最大者，卵壳非常坚硬，可承受一个人的重量。鸵鸟没有牙齿，却有着不寻常的胃，会大量吞食小石子，用来弄碎食物帮助消化，而石子会留在胃里不排泄。

鸵鸟属走禽类，为了适应沙漠荒原中的生活，鸵鸟虽不会飞，但跑得非常快，奔跑速度约每小时60千米，可维持约30分钟而不感到累；一步可达7米，并且能瞬间改变方向，在迅速奔跑时两翼张开，用以维持自身平衡。鸵鸟平时三五成群，或多达20余只栖息在一起。经常与羚羊、斑马在同一地区出没，这些动物往往利用鸵鸟所具有的敏锐眼力以供警告作用。

红　嘴　鸥

红嘴鸥，又名笑鸥、钓鱼郎，属鸻形目鸥科鸥属。体长40厘米，嘴赤红色，先端黑色。虹膜暗褐色，头和颈均为巧克力褐色，后缘转为黑褐色；眼周有白色羽圈；下背、肩、腰及两翅的内侧覆羽和次级飞羽均为珠灰色，飞羽先端近白；上背、外侧大覆羽和初级覆羽都是白色。第1枚初级飞羽白色，内外边缘及先端均为黑色；第2～5枚飞羽的黑色外缘逐渐减小，逐渐转为深灰色，内缘及羽端仍为黑色；第8枚飞羽深灰色，仍具黑色

内缘，羽端为白色；其余初级飞羽均为纯灰色；体上余羽纯白。脚和趾为赤红色，冬季转为橙黄色，爪黑色，因此俗称“水鸽子”。

红嘴鸥夏季在北方繁殖，冬季迁移到高原湖泊、坝塘和水田中越冬。在云南的高原湖泊中，秋冬季都可发现，中国除西部外其余地区都有分布，常栖息于海岸或内陆河流、湖泊和池沼等处。

红嘴鸥已成为昆明人民的骄傲。自20世纪80年代中期以来，每年11月至次年3月，大量红嘴鸥云集昆明市区。它们在翠湖水面悠游自在，对来往人群和船只毫不畏惧。

丹 顶 鹤

丹顶鹤是鹤类的一种，又称仙鹤、白鹤，因头顶有红肉冠而得名。丹顶鹤是东亚地区特有的鸟种，因其体态优雅、颜色分明，在地区文化中具有吉祥、忠贞、长寿的寓意。

丹顶鹤具有三长——嘴长、颈长、腿长。成鸟除颈部和飞羽后端为黑色外，全身均为洁白，头顶皮肤裸露，呈鲜红色。幼鸟体羽棕黄色，喙黄色。亚成体羽色黯淡，2岁后头顶裸区红色越发鲜艳。

丹顶鹤的繁殖地在我国的松嫩平原、俄罗斯的远东和日本等地。它在我国东南沿海各地及长江下游、朝鲜海湾、日本等地越冬。历史上丹顶鹤的分布区比现在要大得多，越冬地更为往南，可至福建、台湾、海南等地。

入秋后，丹顶鹤从繁殖地迁飞南方越冬。我国在丹顶鹤等鹤类的繁殖区和越冬区建立了扎龙、向海、盐城等一批自然保护区。在江苏盐城自然保护区，越冬的丹顶鹤最多一年达600多只，成为世界上现知数量最多的越冬栖息地。

丹顶鹤每年都要在繁殖地和越冬地之间迁徙，只有日本北海道的丹顶鹤是留鸟，不进行迁徙，这可能与冬季当地人有组织地投喂食物有关。丹顶鹤的栖息

地是沼泽和沼泽化的草甸，食物主要是浅水的鱼虾、软体动物和某些植物根茎，因季节不同而有所变化。

丹顶鹤成鸟每年换羽两次，春季换成夏羽，秋季换成冬羽，属完全换羽，换羽时会暂时失去飞行能力。丹顶鹤的鸣声非常嘹亮，既是发情期相互交流的方式，又是明确领地的信号。

丹顶鹤属单配制鸟，若无特殊情况可维持一生。繁殖期从3月开始，持续6个月，到9月结束。它们在浅水处或湿地上营巢，巢材多是芦苇等禾本科植物。丹顶鹤每年产1窝卵，一般产卵2 ～ 4枚。孵卵由雌雄鸟轮流进行，孵化期31 ～ 32天。雏鸟属早成性，2岁性成熟，寿命可达50 ～ 60年之久。

杜　鹃

杜鹃，别名子规、布谷鸟，是捕虫能手。杜鹃性胆怯，常栖息于植被稠密的地方，因此常常只闻其声而不见其形。不同杜鹃的体长不同，金鹃属体长16厘米，地鹃可达90厘米。多数种类为灰褐色或褐色，但少数种类有明显的赤褐色或白色斑，金鹃全身大部分或部分为有光辉的翠绿色。有些热带杜鹃的背和翅呈蓝色，并有强烈的彩虹光泽。除少数善于迁徙的种类外，杜鹃的翼多较短。尾长，凸尾，个别尾羽尖端白色。腿中等长或较长，脚对趾型，即外趾翻转，趾尖向后。喙强壮而稍向下弯。

杜鹃孵卵是寄生性的，即产卵于某些种鸟的巢中，靠“养父母”孵化和育雏。这种特性见于杜鹃亚科的所有种类和地鹃亚科的3个种。杜鹃亚科有47种，但是它们都有不同的适应性以增加幼雏的成活率（如杜鹃的卵形似寄主的卵，因此减少寄主将它抛弃的机会；杜鹃成鸟会移走寄主的一个或更多的卵，以免被寄主看出卵数的增加，又减少了寄主幼雏的竞争；杜鹃幼雏会将同巢的寄主的卵和幼雏推出巢外）。某些杜鹃的外形和行为和鹰属类似，寄主见到它们就害怕，因此杜鹃能不受干扰地接近寄主的巢。非寄生性地鹃在北美洲的代表是广泛分布的黄嘴美洲鹃和黑嘴美洲鹃。小美洲鹃在美国仅限于佛罗里达的南部海滨,以及西印度群岛、墨西哥至南美北部。中、南美洲有12个非寄生性杜鹃种类,有些种归属蜥鹃属和松鹃属。东半球有13种地鹃,分为9个属。地鹃在低矮植被中用树枝营巢。雌、雄鸟均参与抱卵育雏。

企　鹅

企鹅是一种特殊的鸟类,它们不能够飞翔。脚生于身体最下部,故呈直立姿势;趾间有蹼,跖行性;前肢成鳍状;羽毛短,可以减少湍流摩擦;羽毛间存留一层空气,用以绝热。背部黑色,腹部白色。各种类的主要区别在于头部色泽和个体大小。

世界上总共有18种企鹅,它们全分布在南半球;南极与亚南极地区约有8种,其中在南极大陆海岸繁殖的有2种,其他则在南极大陆海岸与亚南极之间的岛屿。企鹅常以极大数目的种群出现,占南极地区海鸟数量的85%。

企鹅是一种最古老的游禽,可能在南极洲还未穿上冰甲之前,就已经在南极安家落户。南极虽然酷寒难当,但企鹅经过数千万年的进化,全身的羽毛已变成重叠、密接的鳞片状,而且羽毛密度比同一体型的鸟类大3～4倍。这种特殊的羽衣,不但海水难以浸透,就是气温在零下近百摄氏度,也休想攻破它保温的防线。

虽然企鹅双脚基本上与其他飞行鸟类差不多,但它们的骨骼坚硬,且比较短而且平。这种特征配合两只如船桨般的短翼,使企鹅可以在水底“飞行”。企鹅双眼上的盐腺可以排泄多余的盐分。它们的双眼由于有平坦的眼角膜,所以可在水底及水面看东西。双眼可以把影像传至脑部作望远集成使之产生望远作用。

南极陆地多,海面宽,丰富的海洋浮游生物就成了企鹅充沛的食物来源。

企鹅每年更换全部羽毛一次。换羽时不能入水，通常躲在鸟群以外的一个掩蔽地点。企鹅游泳迅速，可以用鳍肢作为推进器。需高速前进时，常常跳离水面，每跳一次可在空中前进1米或者更远，并在此期间进行换气呼吸。在陆上则步态笨拙可笑，但前进速度很快，以前肢为平衡器。可在岩石上灵活地行动，也可在冰雪上以腹部着地滑行，以足及前肢为推进器。企鹅能凭借太阳的位置确定方向。

企鹅的食物随着种、地理区域和季节的不同而异。大多数较小的南方企鹅以在南极富氧水面达到很高密度的磷虾为食，大型的企鹅同时也可以以鱼为食物。在水中捕食的时候，由于企鹅是靠肺来呼吸，所以每隔一段时间需要到水面上换气。企鹅的食量惊人，常集群捕食，出海一次可达数周，捕食鱼、乌贼和甲壳动物。海豹或逆戟鲸是它们的天敌，澳大利亚、新西兰和南极附近地区的南非海狮也捕食企鹅。

当企鹅入群和离群时，常有种种表演和鸣叫。求偶交尾时，常有求偶表演，鸣声在两性之间也有二态性。到繁殖季节，帝企鹅能找到旧巢及旧配偶。同一种内的繁殖周期还与纬度有关，有的种类长途迁移到内陆的祖传营巢区去产卵。合恩角企鹅鸣声似驴鸣，合恩角企鹅和小企鹅一年繁殖2次，大多数种一年仅繁殖1次。而王企鹅则3年内繁殖2次。王企鹅和帝企鹅每次产卵1枚，而其他种则产2枚，偶尔为3枚。大多数企鹅在南半球的春夏季繁殖。巴布亚企鹅的某些种群也在冬季繁殖。帝企鹅发育时间长，故在秋季开始繁殖，以使幼雏在成活率机会最大的夏季产出。

除帝企鹅由雄鸟担任孵卵任务外，其他种都由两性共同孵卵。在交配时企鹅群中十分热闹，鸣声聒耳，到孵卵时则一片寂静。气候条件、幼鸟在生殖种群的百分比和敌害等因素决定着卵和幼鸟的死亡率，一般为产卵总数的40%～80%。产卵后，雌鸟常常离群到海洋觅食，10～20天后回来替换雄鸟，以后便以一两周为期互相轮换。但雌性帝企鹅从鸟群到海洋需要走80～160千米，一直到64天孵卵期之末才能返回；此时正值南极严冬，雄帝企鹅将卵置于足上孵化，并靠体内储存的脂肪生活。

企鹅幼雏孵出后就表现出取食行为，会将嘴放入亲鸟口腔，取食亲鸟吐出的甲壳类或鱼类食物。开始时，幼鸟藏在亲鸟身下，逐渐长大后，幼鸟停留在亲鸟体侧。幼鸟从孵化到完全独立的期限不同，较小的种要2个月，帝企鹅需5.5

个月，王企鹅要12～14个月。半成熟的幼雏会成群由成鸟照管。

大 雁

目前，世界上飞得最高的鸟类当数大雁。它的平均飞行高度为1万米，据资料记载，我国西北部高山湖泊地区的夏候鸟斑头雁是大雁中的登高冠军。每年夏季斑头雁从印度起飞，飞越世界第一高峰珠穆朗玛峰到达前期的目的地——西藏。科学家们在印度发现，斑头雁迎着炎炎烈日，拍打着双翅直冲云霄。估计当时的高度在17 680米左右。而在这个高度在同温层内，空气最稀薄，温度恒定，对一般的鸟类来说就是死亡区域，但是斑头雁却能在“死亡区”内飞翔自如。

大雁是雁属鸟类的通称，共同特点是体型较大，从外形来看，略似家鹅，有的较小。嘴宽而厚，且基部较高，长度和头部的长度几乎相等，上嘴的边缘有强大的齿突，嘴甲宽阔强大，占上嘴端的全部。颈部较粗短，翅膀长而尖，尾羽一般为16～18枚。雌雄羽色相似，体羽大多为褐色、灰色或白色，且有斑纹。除了白额雁外，常见的还有鸿雁、豆雁、斑头雁和灰雁等。

大雁常群居于水边，夜宿时，有雁在周围专司警戒，如果遇到袭击，就鸣叫报警。它们主要以嫩叶、细根、种子为食，间或啄食农田谷物。每年春分后飞回北方繁殖，秋分后飞往南方越冬。群雁飞行，排成“一”字形或“人”字形，人们常称之为“雁阵”。大雁的飞行路线是笔直的，雁队一般以6只，或以6只的倍数组成，雁群是一些家庭，或者说是一些家庭的聚合体。

大雁的繁殖地在西伯利亚一带，每年秋冬季节，它们就会成群结队地向南迁飞，飞行的途径主要有两条：一条路线由我国东北经过黄河、长江流域，到达福建、广东沿海，甚至远达南海群岛；另一条路线经由我国内蒙古、青海，到达四川、云南，甚至远至缅甸、印度去越冬。第二年，又会长途跋涉地返回西伯利亚产卵繁殖。

湖南境内（湘南一带）有座“回雁峰”，就是说雁每年秋冬飞到那里就不

再南飞了，次年春天再从那里开始北迁。当然不是所有雁群都飞到湘南，而是说有相当数量的雁飞到那一带。

不同地区的雁开始迁徙的时间并不相同，一般为3月中至4月初（往北），9月底至10月初（往南）。

喜　　鹊

喜鹊，又名鹊，属雀形目鸦科鹊属。体长43.5～46厘米。头、颈、背至尾全是黑色，并自前往后分别呈现紫色、绿蓝色、绿色等光泽。双翅黑色而在翼尖有一大块白斑。尾比翅长出很多，呈楔形；嘴、腿、脚都为纯黑色。腹面以胸为界，前黑后白。雌雄羽色相似。幼鸟羽色似成鸟，但黑羽部分染有褐色，金属光泽也不显著。

喜鹊除中、南美洲与大洋洲外，几乎遍布世界各大陆。在我国，除草原和荒漠地区外，见于全国各地，有4个亚种，均为当地的留鸟。

喜鹊是很有人缘的鸟类之一，喜欢把巢筑在民宅旁的大树上，在居民点附近活动。巢呈球状，由雌雄共同筑造，以枯枝编成，内壁填以厚厚的泥土，内衬草叶、棉絮、兽毛、羽毛等，每年将旧巢添加新枝修补使用。除秋季结成小群外，全年大多成对生活。属杂食性鸟类，在旷野和田间觅食，繁殖期捕食蝗虫、蝼蛄、地老虎、金龟甲、蛾类幼虫以及蛙类等小型动物，有时会盗食其他鸟类的卵和雏鸟，也吃瓜果、谷物、植物种子等。喜鹊为多年性配偶。每窝产卵5～8枚。卵淡褐色，布褐色、灰褐色斑点。雌鸟孵卵，孵化期18天左右。雏鸟为晚成性，双亲饲喂1个月左右方能离巢。

鸬　　鹚

鸬鹚，也叫鱼鹰、水老鸦，属鹈形目鸬鹚科的一属，有30种。身体比鸭狭长，善潜水捕鱼，飞行时呈直线前进。我国南方渔民饲养较多，用来帮助捕鱼。除南北极外，几乎遍布全球。该鸟为常见的笼养和散养鸟，我国古代就已驯养利用。野生鸬鹚分布于全国各地，繁殖于东北、内蒙古、青海湖及新疆西部等地。

该鸟体羽呈金属黑色，并带紫色金属光泽。肩羽和大覆羽为暗棕色，羽边黑色，并呈鳞片状，体长最大可达100厘米。嘴强而长，呈锥状，先端具锐钩，适于啄鱼；下喉有小囊；喉部具大白点。生殖期中，肋下有大型白斑，头部及颈部稠密地生长有白色的丝状羽毛。后头部有一个不很明显的羽冠。幼鸟的下体黑色，杂以白羽。眼绿色，嘴端褐色，下嘴基部灰白色，而裸区及喉暗红色，脚黑色。两脚生长在身体后位，趾呈扁状，后趾较长，具全蹼。

鸬鹚善于潜水，能在水中以长而带钩的嘴捕鱼。但每隔几小时必须上来晾晒羽毛。性情较温和，不是很怕人。野生鸬鹚平时栖息于河川和湖沼中，也常低飞，掠过水面。飞时颈和脚均伸直。夏季在近水的岩崖或高树上，或沼泽低地的矮树上营巢。常在海边、湖滨、淡水中活动。栖息时，会站在石头或树桩上久立不动，主要以鱼类和甲壳类动物为食。

鸬鹚脑袋扎在水里时，是在追踪猎物。鸬鹚的翅膀可以帮助划水。因此，鸬鹚在海草丛生的水域主要用脚蹼游水，在清澈的水域或是沙底的水域，鸬鹚会脚蹼和翅膀并用。在能见度低的水里，鸬鹚往往采用偷偷靠近猎物的方式到达猎物身边，然后突然伸长脖子用嘴发出致命一击。这样，无论多么灵活的猎物也绝难逃脱。在昏暗的水下，鸬鹚一般看不清猎物，因此，它只有借助敏锐的听觉才能百发百中。

该鸟每年初夏进入繁殖期，在人工驯养条件下能正常产卵，每只雌鸟可产卵6～20枚，其繁殖状态与家鹅相似，但多靠人工孵化。野生的鸬鹚每当到了繁殖季节，会到邻近水域的悬崖峭壁、大树或沼泽地的矮树上，或芦苇中以树枝或海藻营巢。每窝产卵2～5枚，卵白色而具蓝色或浅绿色光泽，孵化期28天。雏鸟为晚成性，亲鸟把捕捉到的鱼储藏在喉囊中，雏鸟将头伸入啄食。因此，在许多地方人们驯化它们用以捕鱼。

金刚鹦鹉

金刚鹦鹉产于美洲热带地区，是大型鹦鹉中色彩最漂亮、体型最大的一个种类，重约1.4千克，身长约1米。整个金刚鹦鹉家族可分为6个族系，大多为大型攀禽。其中绯红金刚鹦鹉的分布范围最广。金刚鹦鹉头肩部为鲜红色，背羽的后半部为蓝色，两种颜色结合的部位是黄色。金刚鹦鹉的脸上布满了条纹，有点像京剧中的花脸脸谱，很是有趣。金刚鹦鹉比较容易接受人的训练，和其他种类的鹦鹉能够友好相处，但也会咬其他动物和陌生人。能模仿人温柔的声音，但多数情况下会像野生鹦鹉那样尖叫，有些可以活到65岁。

金刚鹦鹉还被称为大力士。在亚马孙森林中有许多棕树结着硕大的果实，这些果实的种皮通常极其坚硬，用锤子也很难轻易砸开，而金刚鹦鹉却能轻巧地用喙将果实的外皮弄开，吃到里面的种子。除了美丽、庞大的外表，以及拥有巨大的力量外，金刚鹦鹉还有一个功夫，即百毒不侵，这源于它所吃的泥土。金刚鹦鹉的食谱由许多果实和花朵组成，其中包括很多有毒的种类，但金刚鹦鹉却不会中毒。有人推测，这可能是因为它们所吃的泥土中含有特别的矿物质，从而使它们百毒不侵。金刚鹦鹉很胆小，见人就飞。但从16世纪起，西班牙和葡萄牙殖民者将金刚鹦鹉带回欧洲后，它们便成为人们的好朋友。

在动物园中比较出名的是红蓝金刚鹦鹉，主要产于墨西哥到巴西南部地区，身长约90厘米。身体呈明亮的红色，有蓝色和黄色的翅膀，蓝色和红色的尾巴，白色的脸。红蓝金刚鹦鹉和黄蓝金刚鹦鹉是著名的宠禽。风信子蓝金刚鹦鹉身长和红蓝金刚鹦鹉相似，但较重，羽毛呈深蓝色，眼眶黄色，产于巴西南部。淡黄绿色金刚鹦鹉、靛蓝金刚鹦鹉和小蓝金刚鹦鹉属于金刚鹦鹉中的濒危动物。

红绿金刚鹦鹉主要分布于中南美洲，它很容易和绯红金刚鹦鹉相混淆，两者的主要区别在于绯红金刚鹦鹉的背部有黄色羽毛，而红绿金刚鹦鹉的背部羽毛则为绿色；红绿金刚鹦鹉的个头比黄蓝金刚鹦鹉大，但和黄蓝金刚鹦

鹈一样，它们是绝对友善的鸟类，虽然有一张吓人的大嘴，但它们却很少主动攻击人类。

鸳　鸯

鸳鸯属合成词，鸳指雄鸟，鸯指雌鸟。属雁形目鸭科，为国家二级重点保护野生动物。主要栖息于山地、河谷、溪流、苇塘、湖泊、水田等处，以植物性食物为主，也食昆虫，是我国著名的观赏鸟类。

鸳鸯属中型鸭类，全长40厘米左右，体重630克。雄性为鸭类中最艳丽的一种。颈部具有由绿色、白色和栗色所构成的羽冠，胸腹部纯白色；背部浅褐色，肩部两侧有白纹2条；最内侧2枚三级飞羽扩大成扇形，竖立在背部两侧，非常醒目。雌性背部苍褐色，腹部纯白。雄鸳鸯覆羽与雌鸳鸯相似，胸部具粉红色小点。眼棕色，外围有黄白色的环，嘴呈红棕色，脚和趾为红黄色，蹼膜为黑色。

鸳鸯善于行走和游泳，飞行力也强。常筑巢在多树的小溪边或沼泽地、高原上的树洞中。洞口距地面10～15米，洞内垫有木屑及亲鸟的成羽。产卵6～10枚或更多，卵呈灰黄色或白色，圆形，无斑，重45～52克。在人工笼养环境中，孵卵由雌鸟担任。雏鸟由成鸟守护，一般留巢一两个月后开始学飞，但它们仍同亲鸟一起生活。

鸳鸯的繁殖地多在东北北部、内蒙古；越冬时会在东南各省及福建、广东等省；少数在台湾、云南、贵州等地。福建省屏南县有一条11千米长的白岩溪，又称鸳鸯溪，溪水深秀，两岸山林茂密，每年都会有上千只鸳鸯在此越冬，是中国第一个鸳鸯自然保护区。

斑啄木鸟

斑啄木鸟是一种体型中等的杂色啄木鸟。黑背，白肩，尾下覆羽为红色，翅膀具有白斑。雄鸟的枕部为猩红色。喙强而尖直；脚趾4枚，两前两后，彼此对

生，爪甚锐利；尾羽坚挺，富有弹性。

斑啄木鸟的举止动作常常显得急躁不安，相貌和神态也并不好看。生性孤傲，独来独往，即使与同类也尽量回避任何接触。斑啄木鸟常在自凿的树洞里筑窝和配偶结伴。通常，它们先是寻觅内部已经蛀朽的树木作为目标，雌雄两鸟不停地轮番工作，使劲啄穿表面的树皮和木质部，直到腐烂的树心。然后掏深洞穴，用脚把碎木片、木屑扔到外面，把洞挖得既曲折又深邃，连一点光线都透不进来，它们就是在洞底摸黑产卵和哺养小鸟的。

刚孵出的雏鸟大多安详地躺卧在窝内，几天后它们的索食声就变得十分喧闹。亲鸟极为爱护雏鸟，在它们已经能出巢初飞的阶段，还共同生活一个月左右，最后才各自离去，自立门户。

斑啄木鸟在夏季专门啄吃蠹虫、天牛幼虫、木蠹蛾和破坏树干木质部的昆虫。动物学家分析发现，斑啄木鸟胃里的食物中有90.8%是天牛幼虫，8.4%是金针虫，特别是育雏期间，两只亲鸟在20多天里喂食幼鸟的天牛幼虫数竟然高达4 000余条，因此人们亲昵地把它叫做“树木卫士”。斑啄木鸟在冬春两季因捕虫困难，常以浆果、松子为食，有时还绕啄槭树、椴树、山杨和桦树，从树干中汲取流动的树液，偶尔也给树木造成一些负面影响，但从利害两方面的比较看来，它的“害处”实在是不值一提。斑啄木鸟也是江苏省重点保护动物。

斑啄木鸟为国内啄木鸟中最常见的留鸟，广泛分布于我国中部和东部，在新疆北部也有分布。

天　　鹅

天鹅，又叫白天鹅、鹄，属雁形目鸭科。是一种大型游禽，体长约1.5米，体重可超过10千克。天鹅体形优美，白色的羽毛，黑色的嘴，修长的颈，上嘴部至鼻孔部为黄色。雌雄两性相似。身健，脚大，在游泳时脖子经常伸直，两翅贴伏。由于它们优雅的体态，古往今来天鹅成了纯真与善良的化身。

天鹅能从气管发出不同的声音，有些种类的气管在胸骨内呈襻状(同鹤类一样)。称为哑天鹅的疣鼻天鹅,也常嘶嘶地叫,或发出柔和的鼾声或尖锐的呼噜声。除繁殖期外,天鹅成群地生活。它们结成终生配偶,求偶行为包括以喙相碰或以头相靠。由雌天鹅孵卵,平均每窝产卵6枚,卵苍白色不具斑纹。雄性会在巢附近警戒;有些种类雄性也会替换孵卵。幼雏颈短,绒毛稠密;出壳几小时后的幼雏即能跑和游泳,但双亲仍会精心照料数月;有些种类的幼雏可伏在母亲的背上。未成年鸟羽毛呈灰色或褐色,具杂纹,直至满两岁以上。第3年或第4年才达性成熟。在自然界中,天鹅能活20年,有的可活50年以上。

天鹅喜欢成群栖息在湖泊和沼泽地带,主要食物为水生植物,是一种冬候鸟。每年三四月间,它们大群从南方飞向北方,在我国北部边疆省份产卵繁殖。一过10月,它们就会结队南迁。飞行时常排成"一"字形或"人"字形,以减轻空气的阻力。

第四节 濒危鸟类

朱　　鹮

朱鹮，长喙、凤冠、赤颊，浑身羽毛白中夹红，颈部披有下垂的长柳叶形羽毛。平时栖息在高大的乔木上，觅食时才飞到水田、沼泽地和山区溪流处，以捕捉蝗虫、青蛙、小鱼、田螺和泥鳅等为生。

朱鹮全长79厘米左右，体重约1.8千克。雌雄羽色相近，体羽白色，羽基微染粉红色。初级飞羽基部粉红色较浓。嘴细长而末端下弯，长约18厘米，黑褐色具红端。腿长约9厘米，朱红色。

朱鹮的头部只有脸颊是裸露的，呈朱红色，虹膜为橙红色，黑色的嘴细长而向下弯曲，后枕部还长着由几十根粗长的羽毛组成的柳叶形羽冠，披散在脖颈之上。一身羽毛洁白如雪，两个翅膀的下侧和圆形尾羽的一部分却闪耀着朱红色的光辉，显得淡雅而美丽。由于朱鹮的性格温顺，我国民间都把它看作是吉祥的象征，称为“吉祥之鸟”。

朱鹮生活在温带山地森林和丘陵地带，大多邻近水稻田、河滩、池塘、溪流和沼泽等湿地环境。朱鹮性情孤僻而沉静，胆怯怕人，平时成对或小群活动。朱鹮对环境的条件要求较高，只喜欢在高大树木处栖息和筑巢，在附近有水

田、沼泽处觅食，在天敌相对较少的幽静环境中生活。晚上在大树上过夜，白天则到没有施用过化肥、农药的稻田、泥地或土地上，以及清洁的溪流等环境中去觅食。

朱鹮在浅水或泥地上觅食的时候，常常将长而弯曲的嘴不断插入泥土和水中去探索，一旦发现食物，立即啄而食之。休息时，把长嘴插入背上的羽毛中，任凭头上的羽冠在微风中飘动，非常潇洒动人。飞行时头向前伸，脚向后伸，鼓翼缓慢而有力。在地上行走时，步履轻盈、迟缓，显得闲雅而矜持。它们的鸣叫声很像乌鸦，除了起飞时偶尔鸣叫外，平时很少鸣叫。

春季是朱鹮的繁殖季节，这时成年的雄鸟和雌鸟结成配偶，离开越冬时组成的群体，分散在栓皮栎树等高大的乔木树上筑巢、产卵。这时它会用嘴不断地啄取从颈部的肌肉中分泌出来的一种灰色的色素，涂抹到羽毛上，使它的头部、颈部、上背和两翅等都变成灰黑色。它的巢很像一个圆盘，十分简陋，外径73厘米，内径53厘米，深8厘米，距地面高度为5～20米。

朱鹮每窝产卵2～4枚，卵的大小约为65毫米×45毫米，卵重70克左右，表面是蓝灰色或浅绿色的，上面带有黑褐色的斑点。雄鸟和雌鸟轮流孵卵，孵化期大约需要28天。亲鸟在孵卵期间经常翻卵、晾卵、理巢等，孵卵时缩曲着颈部或将头部盘起来，有时站立起来舒展翅膀，或者抖动身体。但巢中往往只有一只亲鸟，不孵卵的另一只亲鸟并不在巢边护巢，夜间则到其他树上去栖息。雏鸟为晚成性，刚孵出时上体被有淡灰色的绒羽，下体被有白色绒羽，脚为橙红色。出壳后由亲鸟轮流将口中半消化的食物吐出喂养，性急的雏鸟则争着把长喙伸进亲鸟的嘴里，亲鸟则使劲抖动着脖子，使食物尽快地吐出来。亲鸟在育雏的前期每天返回巢中的次数为7～9次，随着雏鸟的迅速生长和对食物需求的增加，后期则增加到每天14～15次。喂完食物后还要帮助雏鸟清理粪便：叼走巢底的树枝，使粪便漏到下面去，或者把沾有粪便的碎铺垫物叼到巢的外边，然后再叼来新的巢材和铺垫物来补充。雏鸟在亲鸟的精心哺育下生长很快，60天后就能跟随亲鸟自由飞翔了。

朱鹮是稀世珍禽，历史上朱鹮曾广泛分布于东亚地区，包括中国东部、日本、俄罗斯、朝鲜等地。20世纪中叶以来，由于人类社会生产活动对环境的影响，主要是冬水田数量的减少、化肥和农药对环境的污染、森林减少和人为干扰等原因，使得朱鹮对变化了的环境难以适应，其数量急剧减少。20世纪20年代人们认为日本的朱鹮已不存在，但后来又发现少量残存于佐渡和能登半岛的个体。1952年日本将朱鹮定为“特别天然纪念物”；1960年在东京召开的第十二次国际鸟类保护会议上被定为“国际保护鸟”；1967年韩国政府也将朱鹮定为“198号天然纪念物”。20世纪60年代末苏联境内朱鹮绝迹，70～80年代在朝鲜半岛消失，后日本血统的最后一只朱鹮阿金去世，日本朱鹮灭绝。后来在陕西洋县发现了好几只。

朱鹮被列入《世界自然保护联盟》（IUCN）国际鸟类红皮书，是我国国家一级重点保护野生动物，属于濒危等级。

白　鹭

白鹭，又称鹭鸶，是一种非常美丽的水鸟。白鹭身体修长，它们有很细长的腿及脖子，嘴、脚趾也很长，它们全身披着洁白如雪的羽毛，犹如一位高贵的白雪公主。

白鹭是我国的珍稀物种。白鹭属有大白鹭、中白鹭、小白鹭、黄嘴白鹭和岩鹭5种。

大白鹭体大羽长，体长约90厘米，是白鹭属中体型较大者，夏羽的成鸟全身乳白色；嘴巴黑色；头有短小羽冠；肩及肩间生长着成丛的长蓑羽，一直向后伸展，通常超过尾羽尖端10多厘米，有时不超过；蓑羽羽干基部强硬，至羽端渐小，羽支纤细分散；成鸟体背无蓑羽，头无羽冠，虹膜淡黄色。大多栖息于海滨、水田、湖泊、红树林及其他湿地。常与其他鹭类及鸬鹚等混在一起。大白鹭只在白天活动，行动时长颈收缩成S形；飞的时候脚向后伸直，超过尾部。繁殖时，眼圈的皮肤、眼先裸露部分和嘴均为黑色，嘴基呈绿黑色；胫裸露部分淡红灰色，脚和趾黑色。冬羽时期，嘴呈黄色，眼先裸露部分黄绿色。

中白鹭体长60～70厘米；全身白色，眼圈黄色，虹膜为淡黄色，脚和趾呈黑色；繁殖期背部和前颈下部有蓑状饰羽，头后有不甚明显的冠羽，嘴黑色。常在河流、湖泊、水稻田、海边和水塘岸边

浅水处栖息和活动。常单独、成对或成小群活动，有时也与其他鹭类混群，生性胆小，易受惊吓。飞行从容不迫，且成直线飞行。主要以小鱼、虾、蛙、蝗虫、蝼蛄等动物为食。中白鹭在我国南方为夏候鸟，也有部分留下越冬。

小白鹭体态纤瘦，呈乳白色。成鸟在繁殖时，枕部着生两条狭长而软的矛状羽，状若双辫；肩和胸着生蓑羽，冬羽时蓑羽通常全部脱落，虹膜呈黄色；脸的裸露部分呈黄绿色，嘴呈黑色，嘴裂处及下嘴基部呈淡黄色；腿与脚部呈黑色，趾呈黄绿色，通常简称白鹭。小白鹭常栖息于稻田、沼泽、池塘间，以及海岸浅滩的红树林里。栖息时，通常一脚独立，另一脚曲缩于腹下。白天觅食，好食小鱼、蛙、虾及昆虫等。繁殖期为每年3～7月。繁殖时成群，常和其他鹭类在一起，雌雄共同参加营巢，次年常到旧巢处重新修葺使用。卵呈蓝绿色，壳面光滑。雌雄共同抱卵，卵经23天出雏。

黄嘴白鹭也叫白老、唐白鹭等，是一种中型涉禽，雄鸟体长46～65厘米，体重320～650克，雌鸟略小。它姿态优雅，身体纤瘦而修长，嘴、颈、脚都很长，身体轻盈，有利于飞翔。浑身羽毛乳白色，显得高贵文雅。但羽色在夏季和冬季有很大的变化，夏季嘴为橙黄色，脚为黑色，趾为黄色，眼先为蓝色；枕部着生多枚细长白羽组成的矛状长形冠羽，最长的2枚达10多厘米，像一对细柔的辫子，迎风飘扬，美丽动人。背部、肩部和前颈的下部着生羽枝分散的蓑羽，向后延伸超出尾羽端部，前颈基部的蓑羽则垂至下胸，就像丝线一样。在胸部、腰侧和大腿的基部，还生有一种特殊的羽毛，能不停地生长，尖端会不断地破碎为粉粒状，就像滑石粉一样可以将黏附在体羽上的鱼类黏液等污物清除掉，起着清洁羽毛的作用。冬季嘴变为暗褐色，下嘴的基部呈黄色，眼先为黄绿色，脚亦为黄绿色，背部、肩部和前颈的蓑状饰羽也会消失。

黄嘴白鹭白天多飞到海岸附近的溪流、江河、盐田和水稻田中活动和觅食，晚上则飞到近岸的山林里休息。多单独或成对活动，偶尔也会形成数十只的大群。常一脚站立于水中，另一脚曲缩于腹下，头缩至背上呈驼背状，长时间呆立不动，行走时步履轻盈、稳健，显得从容不迫。

岩鹭全身黑色，在台湾又称为黑鹭。有羽冠，胸部与背部有细长的蓑羽，腮呈白色，嘴为黄色，前端为暗褐色，在南方为白色。脚为暗绿色，嘴长约85毫米。在厦门东海岸一带的岩鹭为灰黑色羽，与我国大陆其他地方及港台所见的岩鹭羽色相同，具有亚热带地区的代表性。岩鹭习惯在岩石上栖立，在岩缝里繁殖。

飞行时速度缓慢，常在海上及岩礁上低空飞翔。

短尾信天翁

短尾信天翁是最大的信天翁，翅膀展开可以有3米宽。成年鸟可达11千克。它是唯一白色身体的信天翁，只在头颈泛淡黄色。

短尾信天翁全长约92厘米。全身白色，翅、肩和尾灰褐色，内侧翼上覆羽白色，外形似海鸥。头大；嘴长而强，由许多角质片覆盖，上嘴先端屈曲向下；鼻成管状；颈短；体躯粗壮结实；尾短；翅狭而特大，长达55厘米以上。

短尾信天翁无论白天还是夜晚都进行觅食活动，特别是在繁殖期间。它们最喜欢的食物是水面上漂浮的小鱼、小型软体动物和其他海洋无脊椎动物，有时也吃船上扔下来的动物内脏等，特别是捕鲸船和渔船上扔下的废弃物。它们既不能在空中飞翔时捕获猎物，也不能潜入水下捕食，觅食活动都是在水面上进行。

短尾信天翁特别喜好在海阔天空中自由翱翔，驾驭长风、借助风力翱翔的技巧非常高超。它的翅膀长而窄，能适应海洋的多变气流，展开双翼，可以空中停留几个小时而不用扇动翅膀，听凭强风吹送。翱翔的动力来源，主要是上升气流所产生的动能，尤其是海洋上空不稳定上升的气流。一般利用顺风和下落飞行来加快速度，接近海面的时候再转方向，并且乘与波峰摩擦而减弱的迎风而上升，飞上天空，如此反复飞翔。除了繁殖期以外，它们几乎终日翱翔或栖息在大海上，就是休息时也多在海面上，随波逐流。

短尾信天翁平时多为单只或成对活动，在冬季或在食物特别丰富的地方才偶尔能见到比较小的群体。它们会游泳，但不潜水。在海面上需要靠两翅的急剧拍打才能起飞，在陆地上则根本无法起飞，常常要爬到悬崖边或者高坡上，再向下跳，才能飞起来。它们的性情比较警觉，孤独而安静，除了繁殖期外很少鸣叫，也不像其他种类的信天翁那样常常追逐海洋上行驶的船只。

短尾信天翁可以活40～60年，它们可以在海上飞5年之后才回到它出生的岛屿陆地。配对为终生，一般在6岁时开始。每年10月底回到同一个地方见面，以沙、灌木枝和火山岩筑巢。一对只下一个蛋，父母轮流孵蛋，约65天孵出。5月底6月初，小鸟几乎长成的时候，父母抛弃鸟巢和小鸟。小鸟会很快自己练习成功飞翔。

短尾信天翁近几年越来越少，一方面是人类为了获取其羽毛而过度猎捕；另一方面则是海洋的污染，影响了其栖息地，导致其食物减少。短尾信天翁已被列入《濒危野生动植物种国际贸易公约》，是我国国家一级重点保护野生动物。

白鹈鹕

白鹈鹕，也叫东方白鹈鹕或大白鹈鹕，是一种大型鹈鹕。在中国见于新疆的天山西部、准噶尔盆地西部和南部水域、塔里木河流域，青海湖。白鹈鹕在欧洲东南地区繁殖，越冬在亚洲西南部以至非洲。

白鹈鹕的体型比卷羽鹈鹕小，体长为140～175厘米，体形粗短肥胖，颈部细长。与卷羽鹈鹕不同的是嘴虽然也是长而粗直，但呈铅蓝色，嘴下有一个橙黄色的皮囊，黑色的眼睛在粉黄色的脸上极为醒目，脚为肉红色。尾羽24枚，比卷羽鹈鹕多2枚。它全身的羽毛都是雪白的颜色，稍微缀有一些橙色，头的后部有一束长而狭的悬垂式冠羽，胸部有一束淡黄色的羽毛，翼下的飞羽为黑色，与白色的翼下覆羽形成明显的对照。

白鹈鹕主要栖息于湖泊、江河、沿海和沼泽地带。常成群生活，善于飞行，善于游泳，在地面上也能很好地行走。飞行时头部向后缩，颈部弯曲靠在背部，脚向后伸，两翅鼓动缓慢而有力，也能像鹰一样在空中利用上升的热气流来回翱翔和滑翔，但通常没有鹰飞得高。在水中游泳时，颈常曲成S形，并不时地发出粗哑的叫声。它主要以鱼类为食，觅食时从高空直扎入水中。

白鹈鹕的繁殖期为4～6月，结成大群一起在湖中小岛、湖边芦苇浅滩，以及河流岸边和沼泽地等处营巢。通常将

巢筑于芦苇丛中的浅水处或者湖边的泥地上，也有的筑于树上。巢的结构较为庞大，主要由树枝、枯草和水生植物等构成。每窝产卵2～3枚，偶尔为4枚。卵刚产出时为白色，孵化后变为黄褐色，大小为95毫米×60毫米。

白鹈鹕于春季3～4月，秋季9～10月在越冬地和繁殖地之间迁徙，它曾经是中国西北地区的常见鸟类，但近年来由于生态环境的恶化，野外数量已经十分稀少。目前已被列为国家二级重点保护野生动物。

长尾鹦鹉

长尾鹦鹉属鹦形目鹦鹉科。寿命可达25年，繁殖能力可持续20年左右，在我国主要分布在四川、云南、广东、广西等省区。

长尾鹦鹉体长33～42厘米，体绿色，喉咙、胸部和腹部为黄绿色；眼睛和鸟喙之间呈蓝黑色；头顶为深绿色，头部两侧和颈部为玫瑰红色，下巴和脸颊下方有一圈黑色的环状羽毛。背部上方为黄色，并带有蓝灰色，背部下方浅蓝色。翅膀内侧覆羽为黄色；尾巴上方和内侧覆羽、大腿的羽毛均为浅绿色；中间尾羽为蓝色，尖端颜色较浅。上鸟喙红色，下鸟喙黑棕色；虹膜黄白色。雌鸟颈部为绿色，脸颊下方的环状羽毛为绿色，脸颊上方为深橘红色，尾羽较短，上下鸟喙均为黑棕色。幼鸟头部大部分为绿色，仅点缀一些橘红色；年幼的雄鸟背部下方会出现少许蓝色；尾羽较短；上下鸟喙均为棕色，有些年幼的雄鸟上喙会出现一点红色；幼鸟需要30个月才能长到和成鸟相同的羽色。

长尾鹦鹉主要栖息于森林地区、红树林区、沼泽区、雨林边缘、次要林区、部分被开垦的地区、棕榈园区等，偶尔也会前往市郊，在公园或者花园的高大树木上休憩。它们平时至多组成20只左右的群体，多的时候曾经有聚集过800只的记录。有着季节性迁移的习性，迁移的地点完全视食物充足与否来决定。有时候它们也会和当地另外一种蓝臀鹦鹉一起在树顶觅食。平时不会一直停留在原处，会不停地移动觅食。它们的叫声相当嘈杂，因此老远就可以听见。它们在清晨日出后立刻出发觅食，直到天色昏暗才会飞回栖息的树木上过夜。

长尾鹦鹉主要以水果、种子、花朵、植物嫩芽、树木嫩叶等为食。有时候会前往油棕榈园觅食，给作物造成一定程度的损害。

黑　颈　鹤

黑颈鹤是大型涉禽，除眼后和眼下方具有一白色或灰白色小斑外，头的其余部分和颈的上部约2/3为黑色，故称黑颈鹤。是世界上唯一一种生长、繁衍在高原的鹤类，为中国特有的珍贵鸟类。

黑颈鹤全长约120厘米。全身灰白色，颈、腿比较长，头顶和眼先裸出部分呈暗红色，头顶布有稀疏发状羽。头顶裸露的红色皮肤，阳光下非常鲜艳，到求偶期间更会膨胀起来，显得特别鲜红。飞羽黑褐色，成鸟两性相似，雌鹤略小。初级飞羽、次级飞羽和三级飞羽均黑褐色，三级飞羽延长并弯曲呈弓形，羽端分枝成丝状，覆盖在尾上。尾羽黑色，羽缘沾棕黄色。肩羽浅灰黑色，先端转为灰白色。其余上体及下体全为灰白色，各羽羽缘沾淡棕色。雌鹤上背有棕褐色的蓑羽伸出，雄鹤则不明显。

黑颈鹤是在高原淡水湿地生活的鹤类，主要栖息在海拔2 500～5 000米的高原，活动在高山沼泽、草甸、湖周沼泽地和河谷沼泽区。杂食性，以植物的根、昆虫、鱼、蛙以及农田中残留的作物种子等为食。

到了秋天，黑颈鹤带着刚刚长大的幼鸟，与其他家族结成十几只，甚至四五十只的大群，排成“一”字形、“人”字形或V形的整齐队伍，飞越崇山峻岭，到达气候温和的地方去越冬。它的越冬地要比繁殖地相对集中，主要有贵州威宁的草海，云南东北部的昭通、会泽、永善、巧家，云南西北部的中甸、丽江和宁蒗，西藏拉孜、谢通门、日喀则、扎囊乃东等地的沼泽、湿地和河流等水域，这些地方由于自然条件优越，又有丰盛的食物，所以每年来越冬的黑颈鹤很多，还伴随有上千只灰鹤和多种雁鸭类等众多的水禽种类。

黑颈鹤每年到达越冬地的时间大约在10月底，次年2月下旬开始迁飞，时间长达4个月。越冬期间，早晨7点前后它们就陆续飞到沼泽地或向阳的山坡地觅食，有时也到收割后的农田中刨食遗留的马铃薯、青稞、荞麦、燕麦、萝卜以及草根等。它们刨食的时候很少用脚，而是用长嘴直接在松土中寻找。越冬期间很少有大的群体，一般是3～5只的小群分散觅食。时而也会飞到牛群当中，与之和睦相处，并啄食它们粪便中的食物或寄生虫。黑颈鹤的警惕性很高，每当有人走近时，便向远处飞走。

黑颈鹤越冬时集群较大，一般都有十几只至几百只在一起生活。刚飞到越冬地时黑颈鹤胆很小，特别警惕，一直要在空中盘旋，直到它们认为安全了才会慢慢降落下来。到达目的地后，开始分群配对，并转为成对活动。

黑颈鹤是中国特有的珍稀禽类，驰名世界，具有重要的文化交流、科学研究和观赏价值。民间以鹤为“神”，历来受到尊崇和保护。随着栖息地破坏、丧失和冬季食物缺少，黑颈鹤受到了严重威胁。加上不法分子非法捕捉、杀害黑颈鹤，甚至有人以吃鹤肉为荣，对其生存造成了威胁。黑颈鹤已被列入《世界自然保护联盟》、《濒危野生动植物种国际贸易公约》和《中国濒危动物红皮书》，是我国国家一级重点保护野生动物。

中华秋沙鸭

中华秋沙鸭，俗名鳞胁秋沙鸭，属鸭科秋沙鸭属，是中国的特有物种。分布于西伯利亚以及中国内地的黑龙江、吉林、河北、长江以南等地，主要栖息于阔叶林或针阔混交林的溪流、河谷、草甸、水塘以及草地。

嘴形侧扁，前端尖出，与鸭科其他种类具有平扁的喙形不同。嘴和腿脚呈红色。雄性成鸟头和颈的上半部黑色，具绿色金属光泽，冠羽长，黑色，上背黑色，下背、腰与尾上覆羽都是白色，翅有白色翼镜。下体白色，体侧有黑色鳞状斑。雌鸟的头棕褐色，上体蓝色，下体白色。

中华秋沙鸭出没于林区内的湍急河流，有时在开阔湖泊，成对或以家庭为

群，潜水捕食鱼类。性机警，稍有惊动就昂首缩颈不动，随即起飞或急剧游至隐蔽处。据在吉林省长白山的观察，它们于每年4月中旬沿山谷河流到达山区海拔1 000米的针阔混交林带。常成3～5只小群活动，有时和鸳鸯混在一起。觅食多在缓流深水处，捕到鱼后先衔出水面而后吞食。主食鱼类。善潜水，潜水前上胸离开水面，再侧头向下钻入水中，白天活动时间较长，此外还食石蚕科的蛾及甲虫等。

中华秋沙鸭是我国特产稀有鸟类，属国家一级重点保护野生动物。其分布区域十分狭窄，数量也极其稀少，全球目前仅存不足1 000只。

秃 头 雕

秃头雕，又叫白头雕、美国雕，是海雕的一种，属鹰科，是唯一原产于北美的雕。从1782年起，秃头雕就是美国的国鸟。秃头雕只在内陆的河流和湖泊周围活动。成鸟有1米长，翼展2米多长，浑身呈黑褐色，头和尾巴呈白色，喙、眼睛和脚呈黄色。年幼的秃头雕羽毛褐色，尾巴和翅膀的里层也有一些白色。4～6岁成年后，头和尾巴的颜色才会全部变白。秃头雕的视觉超乎寻常，比人类视觉强3倍，甚至比它的色觉还要好。秃头雕还有一副轻薄而中空的骨架，空隙中充满空气。雕骨中有许多是凝聚或连接在一起的，这就使得它们格外结实。而且骨架重量还不及其羽毛重量的一半。这种骨架在它们飞翔的时候能够很好地托举它们。白头雕还有一身独特的羽衣，羽毛的状态是否良好，对靠飞翔生存的动物来说是至关重要的，因此白头雕每天都要花费大量的时间来清洗保养自己的羽毛。

秃头雕分布于北美洲从阿拉斯加到佛罗里达的广大地区，北方的秃头雕个体比较大。过了繁殖季节，它们就会迁徙到南方，许多佛罗里达秃头雕这时候会飞向北方。

秃头雕捕猎的本领较差，只会跟随其他海鸟一起去捉鱼。往往只会抓那些死鱼和半死不活的鱼，或者是游到浅水中产卵的鱼。有时候，它们还会从鱼鹰的嘴中把鱼抢过来。

秃头雕为便于捕鱼，常常在河流、湖泊或海洋沿岸的大树上筑巢，而且年复一年地使用和修建同一个巢。秃头雕为终生配偶制，雌雕每年产卵2枚，孵化期35天，小雕3个月后离巢独立生活。由于生态环境受到污染和破坏，使雕产卵和孵化率下降，成年雕的生存也受到威胁。从1940年起，秃头雕就在美国许多地区受到法律保护，唯有阿拉斯加除外，在那里猎人射杀秃头雕不但不犯法，而且还会得到奖励。因为秃头雕喜欢站在渔具上，吓跑阿拉斯加盛产的鲑鱼。据估计，1917 ～ 1940年以及1947 ～ 1952年间，在奖金的鼓励下，阿拉斯加共有10万只秃头雕被杀。这种状况到后来才得到制止。现在，秃头雕在全美国均已受到保护。

褐　马　鸡

褐马鸡是我国特产珍稀鸟类，被列为国家一级重点保护野生动物，仅见于我国山西吕梁山、河北西北部，目前约有2 000只。主要栖息在以华北落叶松、云杉次生林为主的林区和华北落叶松、云杉、杨树、桦树次生针阔混交森林中。

褐马鸡高约60厘米，体长1 ～ 1.2米，体重5千克，全身呈浓褐色，头和颈为灰黑色，头顶有似冠状的绒黑短羽，脸和两颊裸露无羽，呈艳红色，头侧连目有一对白色的角状羽簇伸出头后，宛如一块洁白的小围嘴。褐马鸡最爱炫耀的是它那引人瞩目的尾羽。其尾羽共有22片，长羽呈双排列。中央两对特别长而且很大，被称为“马鸡翎”，外边羽毛披散如发并下垂。平时，它高翘于其他尾羽之上，披散时又像马尾，故称“褐马线”。褐马鸡整个尾羽向后翘起，形似竖琴，十分美观。

褐马鸡翅短，不善飞行，只能从山上向下滑翔式地飞行，两腿粗壮，善于奔跑。全身羽毛深褐色，头顶长着黑色的绒毛。嘴巴粉红，脸部鲜红，眼睛后面有一白色颈圈，两簇雪白的绒毛凸出于脑后，像一对白犄角，因而又得名“角鸡”，尾巴蓬松上翘，很像马尾，泛着紫蓝色光亮；喙短而尖。

褐马鸡为杂食性鸟类，大多数植物和动物都是它采食的对象。其中，植物有山尖子、松子、刺梨以及沙棘果等四五十种，动物性食物有蝇类、蚊类、蛇类以及蝗虫类等。褐马鸡也喜欢觅食真菌类的银盘和羊蹄、荞面蘑菇等。

褐马鸡是山区森林地带的栖息性鸟，白天多活动于灌草丛中，夜间栖息在大树枝杈上，冬季多活动于1 000 ～ 1 500米的高山地带，夏秋两季多在1 500 ～ 1 800米的山谷、山坡和有清泉的山坳里活动。

褐马鸡的生活很有规律，一般在春季3月进行交配繁殖。每到这个时期，雄鸟之间常常为争夺配偶而进行殊死搏斗。其间，雄鸡为了显示它的威风，叫声特别粗重而洪亮，远在2千米之外亦隐约可闻。它鸣叫时昂首伸颈，尾羽也高高翘起，煞是好看。然后，雌雄追随，离群交尾，并寻找茂密的林下或灌丛间地面占领巢区。4月将巢内略铺一些干草枯叶，即偎窝产卵。褐马鸡一次产卵4 ～ 17枚，多达19枚。卵壳呈灰褐色，长50.6毫米，直径42.1毫米，约重56.3克。5月，其卵开始孵化，孵化期26天左右。6月，雏鸡出壳，由成鸡寻食哺育。7月，成鸡带领幼雏活动，避暑、换羽。8月，幼鸡能独立觅食。这时家庭之间开始混合成群，由高处地段逐渐转移到低处生栖。9月，幼鸡基本长成，活动能力增强，游荡范围扩大，随之群体数量也逐渐增多，且多以群居。

第六章

哺乳动物

第一节
哺乳动物概述

哺乳动物是脊椎动物亚门下的一个纲，其学名是哺乳纲。除五种单孔目的哺乳动物外，所有哺乳动物都是直接生产后代的。全世界大约有4 000种哺乳动物，人类也是其中之一。哺乳类是指用母乳哺育幼儿的动物，是动物世界中形态结构最高等、生理功能最完美的类群。最初的哺乳动物距今已有20 000.2万年，现存的有4 000余种，总的来讲哺乳动物的智力水平要比其他种类的动物高。

哺乳动物是动物发展史上最高级的阶段，也是与人类关系最密切的一个类群。哺乳动物具备了许多独有的特征，因而在进化过程中获得了极大的成功。

哺乳动物来自兽齿类爬行动物，但是要进一步确定是哪一类兽齿类则不是一件容易的事。因为在兽齿类动物里，进步性质和原始性质交错存在，十分复杂。因此对哺乳动物的祖先曾做过种种推测，如犬齿兽类、包氏兽类、鼬龙类、三列齿兽类。目前比较一致的看法是哺乳动物是多源的，即认为绝大多数哺乳动物（其中有胎盘类占主要地位）起源于犬齿类，但在种类繁多的中生代哺乳动物里也有起源于其他兽齿类的。

自三叠纪晚期起，哺乳动物便开始登上大自然的历史舞台。最早的哺乳动物化石是在中国发现的吴氏巨颅兽，它生活在2亿年前的侏罗纪。大量的资料显示，哺乳动物是在恐龙灭绝后的相当长一段时间里繁荣起来的。在恐龙灭绝的时候，哺乳动物的体型介于鼩鼱和猫之间。由于恐龙灭绝，新的哺乳动物才有了更多的食物和栖息地，进而大规模地繁殖，并由此形成了一些新的物种。然而，一些新的研究成果表明，这些新形成的物种并没有留下后代。现代的一些哺乳动物，如啮齿类动物、猫科动物、马、大象以及人类的祖先并没有在这个时期出现。相反，这些动物的祖先在1亿年前到8 500万年前以及5 500万年前到3 500万年前曾出现了大爆炸式的演化。

大多数哺乳动物，包括灵长类、啮齿类和有蹄类的祖先，都是在6 500万年前的大灭绝之前出现的，并且成功地躲过了这次大灭绝。直到大灭绝后的1 000万～1 500万年，存活下来的各个哺乳动物种系，才开始走向繁盛并多样化起来。有些哺乳动物确实从这次大灭绝中得到了好处，但它们和现存的哺乳动物关系较远，其中的大部分在随后的进化中都灭绝了。

在对40多个现存的哺乳动物种系进行了分析对比之后，可以发现哺乳动物的多样化发展速度，在白垩纪末期生物大灭绝后，与第三纪的交接点处基本上没有改变。因此，认为恐龙灭绝后，哺乳动物多样化的速度会加快的观点也就不成立了。一些科学家认为，这项研究成果，打开了更好地了解哺乳动物进化历史的大门，也迫使人们重新去研究影响较晚期哺乳动物繁荣发展的生态和其他因素。

第二节
哺乳动物的结构特征

哺乳和胎生是哺乳动物最显著的特征。胚胎在母体里发育，母兽直接产出胎儿。母兽都有乳腺，能分泌乳汁哺育仔兽。这一切涉及身体各部分结构的改变，包括脑容量的增大和新脑皮的出现，视觉和嗅觉的高度发展，听觉比其他脊椎动物有更大的特化；牙齿和消化系统的特化有利于食物的有效利用；四肢的特化增强了活动能力，有助于获得食物和逃避敌害；呼吸、循环系统的完善和独特的毛被覆盖体表有助于维持其恒定的体温，从而保证它们在广阔的环境条件下生存；胎生、哺乳等特有特征，保证其后代有更高的成活率及一些种类的复杂社群行为的发展。

哺乳动物的毛发是由角质构成的，属于皮肤的一种衍生物。而且，哺乳动物也是唯一长着毛皮的动物。哺乳动物每根毛发的根部都长着小块的肌肉，可以使皮毛竖起或倒下，令空气在皮毛中流通，并以此调节体温。像一些生活在寒冷地区的哺乳动物，体表常附生着浓密的皮毛。例如北极熊，身上不仅长有非常厚的皮毛，而且在下水捕食时，还能够保持皮肤的干爽，真的非常令人惊奇。

哺乳动物的牙齿是颌骨上的附生物。哺乳动物牙齿的齿根一般都很发达，深植于齿槽里，也称槽生齿，上端叫做齿冠。经过漫长的进化，哺乳动物的牙齿已分化为门齿、犬齿、前臼齿和臼齿等，统称异型齿。门齿长于口的前端，齿冠呈凿状，这样可以有效地切割食物。犬齿位于门齿两边，齿冠呈锥状，可以有效地将食物撕碎。而前臼齿和臼齿则位于口腔的后侧，齿冠呈臼状，可以有效地磨碎食物。

哺乳动物的骨骼十分发达，脊柱的分区十分明显，结构也非常的坚实而且灵活。四肢位于腹部下方，分化出了肘和膝，能够将躯体撑起，适宜在陆地上快速运动。

哺乳动物的头骨，由于脑以及其他感官的发达和口腔咀嚼的产生，而发生了显著变化。脑颅和鼻腔扩大和发生次生腭，头骨的一些骨块消失，并且发生变形和愈合。骨骼并因此而获得更大的扩展可能性，使头骨发生了较大的变形：枕骨顶部形成明显的“脑勺”用以容纳脑髓，枕骨大孔则移至头骨的腹侧。

哺乳动物的消化系统由空腔、食管、胃、肠等构造，但是由于各种食性的不同，它们消化系统的各个器官，在构造和功能上也有明显的区别。

哺乳动物的生殖系统，在所有动物中是最复杂的。哺乳动物全是体内受精，交配器官比其他各纲的动物都要复杂。哺乳动物是胎生的动物，雌体的子宫和胎盘的构造高度分化。胎儿产出后由母体乳腺分泌的乳汁哺育，大大提高了后代的成活率，并以此在生存竞争中占据着优势地位。

第三节
哺乳动物的常见家族成员

狗

狗，又称为犬，通常指家犬，是狼的近亲，属食肉目犬科犬属。通常被称为“人类最忠实的朋友”，也是饲养率最高的宠物，其寿命为10～30年。

狗起源于狼，这个说法目前已经得到共识，但围绕着具体的发源地和时间则是众说纷纭。到目前为止，最早的狗化石是来自德国1.4万年前的一个下颌骨化石。另外一个是来源于中东大约1.2万年前的一个小型犬科动物骨架化石，考古学家根据这些证据认为，狗起源于西南亚或欧洲。而另一些专家则根据狗的骨骼学鉴定特征，认为狗可能起源于亚洲地区的狼，由此提出了狗的东亚起源说。此外，不同品种的狗在形态上极其丰富的多样性，似乎又倾向于狗起源于不同地理群体的狼的假说。所以仅靠考古学，很难提供狗起源的可靠线索。

在传统上将犬划于食肉动物类别，但并非家犬的食物只限肉类。狗不像猫类等真正的食肉动物，家犬可以依靠蔬菜和谷物等食物健康地活下去，事实上它们的食谱是很均衡的。狗还普遍存在不同程度的以人类、其他动物甚至于狗自己的粪便为食的现象，出现这种现象的原因至今未完全明朗。

狗的嗅觉主要表现在两方面：一是对气味的敏感程度；二是辨别气味的能力。它的嗅觉灵敏度在动物中占据首位，它对酸性物质的灵敏度要比人类高出几万倍。狗辨别气味的能力相当强，能在众多的气味中嗅出特定的味道，它发现气味的能力是人类的100万甚至1 000万倍，分辨气味的能力超过人的1 000倍。警犬能辨别10万种以上的不同气味，它能根据嗅觉信息识别主人，鉴定同类性别、发情状态、母仔识别、辨别路途、方位等。狗在认识和辨别事物时，要先嗅几遍才做决定，如遇陌生人总要围着他转来转去嗅其味道，有时不免让人毛骨悚然。而它根据街角的味道就可知道在什么时候，谁从哪里来，到哪里去。人们就利用它这一本领来为人类服务。

狗的眼睛的水晶体是人类的2倍厚，所以狗是近视眼。狗在50米之内可以看清，超过这个距离就看不清了。但运动的目标则可感觉到825米的距离。它的视野非常开阔，单眼的左右视野为100° ～ 125°，上方视野为50° ～ 70°，下方视野为30° ～ 60°，它对前方的物体看得最清楚，同时它又是色盲。导盲犬之所以能辨别红绿灯是依靠两灯的光亮度不同。犬对灰色浓淡的辨别力很强，依靠这种能力就能够分辨出物体上的明暗变化，产生立体的视觉影像，更为奇怪的是犬的暗视力比较灵敏，在微弱的光线下也能看清物体，这说明它仍保持着夜行动物的特征。

狗可分辨极为细小和高频率的声音，而且对声源的判断能力也很强。它的听觉是人的16倍，当狗听到声音时，由于耳与眼的交感作用，完全可以做到眼观六路，耳听八方。晚上，它即使睡觉也保持着高度的警觉性，对半径1 000米以内的声音都能分辨清楚。狗对于人的口令和简单的语言，可以根据音调音节变化建立条件反射。特别要注意的是，没有必要对狗大声叫喊，过高的声音或音频对狗来说是一种逆境刺激，使它有痛苦、惊恐的感觉。

狗有225 ～ 230块骨头，这些骨头既是坚固的支撑系统，又能对内脏器官起保护作用，也是疾速奔驰的基础。它的肌肉发达，耐久性好。据记载，狗的100米记录是5.925秒，是由一只荷兰灰犬在1971年创造。这个速度与赛马的百米速度5.17秒很接近。一般的家养中型犬，其百米速度也不超过10秒，而且它的耐力特好，能连续奔跑几十千米。最著名的是在北极附近举行的雪橇拉力赛，十几条犬拉着几百千克的物品在-40℃的寒风下奔驰，而每天只休息短短数小时。

狗有着惊人的归家本领，这在很大程度上是靠它们超强的记忆。狗的时间观念和记忆力很强。在时间观念方面，每一个养狗者都有这样的体会，每到喂食的时间，狗都会自动来到喂食的地点，表现出异常的兴奋，如果主人稍显迟钝，它就会以低声的呻吟或扒门来提醒你。在记忆力方面，狗对饲养过它的主人和住所，甚至主人的声音都会有很强的记忆能力。在英国，有一只犬从收音机里听到它阔别近10年的主人的声音后，马上站起来走到收音机旁专注地倾听着，直到长长的一段话结束后，才若有所失地带着悲伤的神情，默默地离开收音机。

作为人类最早驯化的家畜，狗的存在和进化都与人类文明的发展有着千丝万缕的联系。对于它，人们不仅用精美的艺术作品加以歌颂，而且还视其为最忠实的守护神。

灰　鲸

灰鲸，又叫克鲸、腹沟鲸、儿鲸、仔鲸等，属鲸目灰鲸科灰鲸属。体长10～15米，体重达30多吨。全身灰色、暗灰色或蓝灰色，有白色斑点，也有人称它是“灰色的岩岸游泳者”。

灰鲸主要分布于北太平洋、北大西洋、北美洲沿海、鄂霍次克海、白令海、日本海和我国黄海、东海、南海等温带海域附近。

灰鲸是哺乳动物中迁移距离最长的种类，迁移距离最长可达10 000～22 000千米。在太平洋的北美洲一侧，灰鲸从5月下旬到10月末穿过白令海峡和白令海西北部，到水温、光照都较适宜的北极圈内寻找食物，然后开始南移，穿过阿留申群岛，沿着北美洲大陆沿岸南下。每年1～2月在水温较高、光照充分的加利福尼亚半岛的西侧，以及加利

福尼亚湾的南侧繁殖。2月以后再次开始北进，但路线与南下时不同，从夏季的索饵场所到冬季的繁殖场所之间的往返距离为18 000多千米。在太平洋的亚洲一侧，灰鲸从鄂霍次克海穿过宗谷海峡进入日本海，再沿着朝鲜东海岸到达我国的南海，其中还有一部分在穿过马六甲海峡后，北上进入我国黄海海域内。

灰鲸主要以浮游性小甲壳类、鲱鱼的卵，以及其他群游鱼类为食，也吃海胆、海星、海螺、寄居蟹、瑟虾、海参以及海藻等。但在南下洄游时不摄食，胃中是空的，往北洄游时才经常摄食。

灰鲸在1～2月交配，雌兽大约每隔一年繁殖一次，怀孕期大约为12个月，会在越冬区浅海岸生产，每胎产1仔，是唯一在浅海繁殖和产仔的须鲸类。幼鲸出生时体长为4～5米，一年后就可长至9米。雄鲸对于雌鲸，以及雌鲸对于幼鲸之间的感情都很强烈，但雌鲸却不眷恋雄鲸。因此，若是雌鲸或幼鲸受到威胁，雄鲸和雌鲸都会奋起救助，但若是雄鲸遇险，就不会得到救助了。灰鲸在海洋中的天敌主要是虎鲸，经常遭受虎鲸的袭击，这时只有将肚皮朝上浮在水面上，用假死的方法试图躲过灾难。

大　熊　猫

大熊猫有很多别名，如花猫、花熊、华熊、竹熊、花头熊、银狗、大浣熊、峨曲、杜洞尕、执夷、貊、猛豹、猛氏兽、食铁兽、大猫熊、白熊、黑白猫，在我国台湾地区也被称为猫熊。食肉目犬型亚目熊科熊猫亚科。

大熊猫的种属是一个争论了一个世纪的问题，最近的DNA分析表明，现在国际上普遍接受将它列为熊科大熊猫亚科的分类方法，目前也逐步得到国内的认可。国内传统分类将大熊猫单列为大熊猫科，它代表了熊科的早期分支。

大熊猫独有的特征包括：大而平的臼齿，它的一根腕骨已经发育成了“伪拇指”，这都是为了适应以竹子为食的生活。与其他六种熊类不同，大熊猫和太阳熊都没有冬眠行为。大熊猫的祖先是始熊猫，这是一种由拟熊类演变而成的以食肉为主的最早的熊猫。始熊猫的主支则在中国的中部和南部继续演化，其中一种在距今约300万年的更新世初期出现，体型比现在的熊猫小，从牙齿推断它已进化成为兼食竹类的杂食兽，此后这一主支向亚热带扩展，分布广泛，在华北、西北、华东、西南、华南以至越南和缅甸北部都发现了化石。

在这一过程中，大熊猫适应了亚热带竹林生活，体型逐渐增大，依赖竹子为生。在距今50万～70万年的更新世中、晚期是大熊猫的鼎盛时期。

大熊猫体形肥硕似熊，憨态可掬，但头圆尾短。头部和身体毛色绝大多数为黑白相间分明，即鼻吻端、眼圈（呈“八”字排列）、两耳、四肢及肩胛部（横过肩部相连成环带）为黑色，其余部分即头颈部、躯干和尾为白色，腹部淡棕色或灰黑色。其体长120～180厘米；尾长10～20厘米；肩高一般为65～70厘米；体重60～125千克。前掌除了5个带爪的趾外，还有一个第6趾。背部毛粗而致密，腹部毛细而长。

除典型的黑白相间毛色外，陕西秦岭佛坪自然保护区还发现过4次白色大熊猫。最早在秦岭南坡佛坪自然保护区，发现白色大熊猫的时间是1990年11月15日。那只大熊猫体高0.7米，除眼圈、四肢下部外，从耳朵、肩胛到整个胸脯，均为白色，堪称“宝中之宝”。此后在1991年、1992年又相继发现了2只，最后一次是在几年前。

还有一种是棕色大熊猫，也是在佛坪自然保护区内发现的。最早是在1985年3月26日，曾有农民在海拔大约1 200米的悬马沟竹林深处的河滩发现一只棕白色相间的患病大熊猫，身体极度衰弱，后来经过自然保护区的工作人员和各个方面的协力抢救，才转危为安。病愈以后寄养在西安动物园，取名“丹丹”，当时

年龄为13岁，体重60多千克。这是世界上首次发现体毛为棕色的大熊猫，此后于1990年和1991年，在佛坪自然保护区内的竹林中，又有2次分别观察到棕色大熊猫的一只成年体和一只幼仔。这种熊猫两耳、眼圈、睫毛、吻头、肩胛及四肢的毛均为棕色。北京大学大熊猫专家称其为“世界上最美的大熊猫”。

无论棕色或白色大熊猫，都为世界罕见。它们的发现，打破了熊猫研究史上“单形性”（毛色黑白相间）的说法，具有重大科学意义。目前已知的大熊猫的毛色共有三种：黑白色、棕白色和白色。生活在陕西秦岭的大熊猫因头部更圆而更像猫，被誉为国宝中的“美人”。

2008年10月11日，深圳华大基因研究院宣布世界首张大熊猫基因组序列图谱绘制完成。它将为保护和人工繁育大熊猫提供新的途径，以及推进针对大熊猫的其他科学研究。

经研究发现，大熊猫共有21对染色体，基因组大小与人类相似，约为30亿个碱基对，包含2万～3万个基因。基因组测序的结果支持了大熊猫是熊科的一个亚科的观点。通过与已经进行过全基因组测序的物种比较，研究人员还发现，大熊猫的基因组与狗的基因组在结构上最为接近，与人也有较大的相似性，在哺乳动物中与小鼠差异较大。熊猫基因组序列图谱的绘制完成，有助于从基因角度破解熊猫繁殖能力低下的疑问，从而使科学家有机会帮助繁育更多的熊猫。

现在世界上的野生大熊猫仅存约1 590只，主要分布在我国四川省周围的崇山峻岭之中，被称为“活化石”。另外，截至2007年年底，中国人工圈养大熊猫种群数量达239只。

大熊猫生活在中国西南青藏高原东部边缘的温带森林中。我国长江上游向青藏高原过渡的这一系列高山深谷地带，包括秦岭、岷山、邛崃山、大小相岭和大小凉山等山系。秦岭山系分布于南麓，主要分布的县是佛坪，一般分布的县是洋县，仅有少量分布的县有太白、宁陕、周至、留坝、宁强等。岷山系除甘肃、文县为一般分布外，其余都分布于四川。

大熊猫活动的区域多在坳沟、山腹洼地、河谷阶地等，一般在20°以下的缓坡地形。这些地方土质肥厚，森林茂盛，箭竹生长良好，构成一个气温较为稳定、隐蔽条件良好、食物资源和水源都很丰富的优良食物基地。

除发情期外，大熊猫常过着独栖生活，昼夜兼行。巢域面积为3.9～6.4平方千米不定，个体之间巢域有重叠现象，雄体的巢域略大于雌体。雌体大多数时间仅活动于0.3～0.4平方千米的区域内，雌体间的区域不重叠。

大熊猫的食谱非常特殊，几乎包括了在高山地区可以找到的各种竹子，大熊猫也偶尔食肉（通常是动物的尸体有时也是竹鼠）。大熊猫独特的食物特性使它被当地人称作“竹熊”。竹子缺乏营养，只能提供生存所需的基本营养，大熊猫逐步进化出了适应这一食谱的特性。在野外，除了睡眠或短距离活动，大熊猫每天取食的时间长达14小时。一只大熊猫每天进食12～38千克，接近其体重的40%。大熊猫喜欢吃竹子最有营养、含纤维素最少的部分，即嫩茎、嫩芽和竹笋。大熊猫栖息地通常有至少2种竹子。当一种竹子开花死亡时，大熊猫可以转而取食其他的竹子。但是，栖息地破碎化的持续状态增加了栖息地内只有一种竹子的可能，当这种竹子死亡时，这一地区的大熊猫便面临饥饿的威胁。

滇金丝猴

绝大多数现生灵长类都生活在被人们称为动、植物王国的热带雨林之中，那里气候温暖、食物丰富，大自然为它们的生存提供了优越的栖息环境。因此不论是普通百姓还是专家学者，一提到灵长类，总是把注意的焦点放在四季常绿的热带雨林上。可是，在我国滇藏交界处的雪山之巅的高寒森林中，生活着一种罕为人知的珍稀灵长类，这就是我国特有的世界珍奇动物——滇金丝猴。

滇金丝猴属灵长目猴科仰鼻猴属。所有金丝猴属物种的共同特征是头骨上那几乎消失的鼻梁骨，这样就形成了朝天鼻，故金丝猴属又称为仰鼻猴属，滇金丝猴又称为黑白仰鼻猴（其背部、头顶、四肢等处的毛色以黑色为主，腹部则以白色为主）。

滇金丝猴具有一张最像人的脸，面庞白里透红，再配上它那美丽的红唇，堪称世间最美的动物之一。此外，它是地球上最大的猴子，体重可达30多千克，且生态行为极为特殊，终年生活在冰川雪线附近的高山针叶林带之中，哪怕是在冰天雪地的冬天，也不下到较低海拔地带，对农作物也总是“秋毫无犯”，因而是灵长类中最有趣的物种之一。

金丝猴研究对于人们认识和了解人类自身的进化历程有着特别重要的意义，因而具有极高的学术研究价值。

金丝猴属中的四个物种（川金丝猴、黔金丝猴、滇金丝猴和越南金丝猴）都已被列入世界濒危动物名单之中。其中滇金丝猴、黔金丝猴和越南金丝猴都是当今世界最濒危的25种灵长类物种之一。这四种金丝猴当中除越南金丝猴仅分布在越南北部外，其余三种均为我国大陆特有分布物种。因此，均应视为中国的“国宝”。

斑　马

斑马属奇蹄目马科斑马属。斑马共有3种：山斑马、普通斑马和细纹斑马。从它们身上的斑纹图式、耳朵形状及体型大小即可将其区分，且3种斑马的生活习性都差不多。

成年斑马体长2～2.4米，尾长47～57厘米，肩高1.2～1.4米，体重约350千克。在春季产仔，孕期345～390天。

斑马产在非洲东部、中部和南部，斑马是群居性动物，常结成群10～12只在一起，有时也跟其他动物群，如牛羚乃至鸵鸟混合在一起，老年雄性斑马偶然单独活动。斑马跑得很快，每小时可达64千米，因为要经常喝水，它们很少到远离水源的地方去。

斑马为非洲特产。南非洲产山斑马，除腹部外，全身密布较宽的黑条纹；非洲东部、中部和南部产普通斑马，由腿至蹄具条纹或腿部无条纹；非洲南部奥兰治和开普敦平原地区产拟斑马，成

年拟斑马身长约2.7米，鸣声似雁叫，仅头部、肩部和颈背有条纹，腿和尾白色，具深色背脊线；东非还产一种格式斑马，体格最大，耳长而宽，全身条纹窄而密，因而又名细纹斑马。

山斑马喜在多山和起伏不平的山岳地带活动；普通斑马栖于平原草原；细纹斑马栖于炎热、干燥的半荒漠地区，偶见于野草焦枯的平原。斑马行动比较谨慎，通常结成小群游荡，常遭狮子捕食。

斑马身上的条纹是为适应生存环境而衍化出来的保护色。在所有斑马中，细纹斑马长得最大最美。成年细纹斑马的肩高140～160厘米，耳朵又圆又大，条纹细密且多。

斑马身上的条纹和间隔是怎样形成的呢？研究发现，在雌兽妊娠早期，一个固定的、间隔相同的条纹形式就已经确定在胚胎之中了。以后在胚胎发育的过程中，由于身体各部位发育的情况不同，所以幼仔出生后，各部位所形成的条纹也就不一样了，有的宽阔，有的狭窄。

斑马身上的条纹美观漂亮，是同类之间相互识别的主要标记之一，更重要的则是形成适应环境的保护色，作为保障其生存的一个重要防卫手段。在开阔的草原和沙漠地带，这种黑褐色与白色相间的条纹在阳光或月光照射下，反射出不同的光线，起着模糊或分散其体形轮廓的作用，放眼望去，很难与周围环境分辨开来。这种不易暴露目标的保护作用，对动物本身是十分有利的。同时，斑马身上的条纹可以分散和削弱草原上刺蝇的注意力，是防止它们叮咬的一种手段，这种昆虫是传播睡眠病的媒介，它们经常咬马、羚羊和其他单色动物，却很少威胁斑马的生活。人类从这种现象中得到了启示，将条纹保护色的原理应用到海上作战方面，在军舰上涂上类似于斑马条纹的色彩，以此来模糊对方的视线，达到隐蔽自己，迷惑敌人的目的。

斑马在人为饲养下能生活得很好，在许多动物园和马戏团中都有斑马。斑马对普通非洲疾病有抵抗力，而马却没有。所以一些国家和私立机构曾试图驯化斑马并将其与马杂交配种，而这两种办法都不大可行。

狒　狒

灵长目猿猴亚目狭鼻组猴科的一属通称狒狒，是灵长类中次于猩猩的大型猴类。体长50.8～114.2厘米，体重14～41千克，尾长38.2～71.1厘米。头部粗长，吻部凸出，耳小，眉弓凸出，眼深陷，犬齿长而尖，具颊囊；体形粗壮，4肢等长，短而粗，适应于地面活动；毛黄色、黄褐色、绿褐色至褐色，一般尾部毛色较深；毛粗糙，颜面部和耳上生有短毛，雄性的颜面周围、颈部、肩部有长毛，雌性则较短，臀部有色彩鲜艳的胼胝。狒狒共5种，主要分布于非洲，个别种类也见于阿拉伯半岛，是杂食性动物。

狒狒栖息于热带雨林、稀树草原、半荒漠草原和高原山地，更喜生活于较开阔、多岩石的低山丘陵、平原或峡谷峭壁中。主要在地面活动，也爬到树上睡觉或寻找食物，善游泳，能发出很大叫声。食物包括蝎子、蛴螬、昆虫、鸟蛋、小型脊椎动物及植物。狒狒一般结群生活，每群十几只至百余只，也有200～300只的大群。群体由老年健壮的雄狒狒率领，群内有专门眺望者负责警告敌害的来临，退却时，首先是雌性和幼体，雄性在后面保护，发出威吓的吼叫声，甚至反击，因力大而勇猛，能给来犯者造成威胁。狒狒每天的觅食活动范围达8～30千米，主要天敌是豹。它们无固定繁殖季节，5～6月为高峰，孕期6～7个月，每胎产1仔，寿命约20年。

狒狒相互之间非常善于交流。研究数据表明，狒狒之间的交流有助于相互间梳理皮毛和降低心率跳动次数，即缓和心绪，而且能促使脑内物质内啡肽分泌加快，以消除紧张心绪。

心理学家根据以往的观察资料还发现，当雄狒狒面对危险时，不是以威吓的方式回报对方，就是逃之夭夭，而雌狒狒面临危险时，会向伙伴们发出求救信号。

自然界中的狒狒大多比较好斗，因为对外比较团结，所以是自然界中唯一敢于和狮子作战的动物，一般3～5只狒狒就可以搏杀一只狮子，作战十分果敢、顽强，所以动物园的说明文字一般都亲切地称狒狒为：勇敢的小战士！

古埃及人和法老都称狒狒是太阳神的儿子，因为每天清晨都是狒狒第一时间全体迎接太阳的升起，十分虔诚，狒狒现属于濒临灭绝的珍稀动物。

鼹　鼠

鼹鼠属食虫目鼹鼠科。头尖，吻长，四肢短小，身体矮胖，长10余厘米，外形似鼠。耳郭退化，眼小，多为细密的皮毛掩盖。尾细而短，前肢5爪，强大，掌心外翻，适于地下掘土生活。主要以昆虫为食，也食蚯蚓、蛞蝓、两栖类、爬行类、小鸟等动物。由于在地下挖掘洞道，对农作物伤害极大，所以从人类的角度来看，鼹鼠是害兽。但从生物链的角度来看，鼹鼠在生态平衡中具有非常重要的作用。鼹鼠毛呈棕褐色，细密柔软，并具有光泽，有一定的利用价值。

鼹鼠的身体完全适应地下的生活方式，前脚大而向外翻，并长出有力的爪子，像两只铲子；它的头紧接肩膀，看起来像没有脖子，整个骨架矮而扁，跟掘土机很相似；它的尾小而有力，耳朵没有外郭，身上生有密短柔滑的黑褐色绒毛，毛尖不固定朝某个方向。这些特点都非常适合它在狭长的隧道自由地奔来奔去。隧道四通八达，里面潮湿，很容易滋生蚯蚓、蜗牛等虫类，使它能充足地进食。鼹鼠成年后，眼睛深陷在皮肤下面，视力完全退化，所以说鼹鼠是个地道的“瞎子”。

鼹鼠经常过着不见天日的生活，很不习惯阳光照射，一旦长时间接触阳光，中枢神经就会混乱，各器官也会功能失调，以至于死亡。鼹鼠遇到危险时，常以尖叫震慑敌人，然后伺机逃脱，其声似蝉鸣，有时似鸟鸣。

狼

狼属食肉目犬科犬亚科犬属。狼性狡猾、贪婪，对牛、羊和猎兽都有极大危害，有时也袭击人类。

狼曾经在全世界广泛分布，不过目前主要出现于亚洲、欧洲、北美和中东。狼属于生物链上层的掠食者，通常群体行动。由于狼会捕食羊等家畜，因此直到20世纪末期前都被人类大量捕杀，一些亚种如日本狼等都已经绝种。

狼吻尖长，眼角微上挑。因为产地和基因不同，所以毛色也不同。常见灰、黄两色，还有黑、红、白等色，个别还有紫、蓝等色，胸腹毛色较浅。腿细长强壮，善跑。狼的体重和体型大小各地区不一样，一般来说，狼肩高在70厘米左右，体重32 ～ 62千克，狼群适合长途迁徙捕猎。其强大的背部和腿部，能有效地舒展奔跑。

狼是群居性极高的物种。一群狼的数量在5 ～ 12只，在冬天寒冷的时候最多可到40只左右，通常以家庭为单位，由一对优势对偶领导，而以兄弟姐妹为一群的则以最强的一头狼领导。狼群有领域性，且通常也都有其活动范围，群内个体数量若增加，领域范围会缩小。群之间的领域范围不重叠，会以嚎声向其他狼群宣告范围。

狼群中雌、雄性分为不同等级，占统治地位的雄狼和雌狼随心所欲进行繁殖，处于低下地位的个体则不能自由选择。雌狼产子于地下洞穴中，雌狼经过63天的怀孕期，生下3 ～ 9只小狼，也有生十几只的。没有自卫能力的小狼，要在洞穴里过一段日子，公狼负责猎取食物。半年后，小狼就学会自己找食物吃了。在群体中成长的小狼，非但父母呵护备至，而且，族群的其他分子也会爱护有加。

幼狼成长后，有的会留在群内照顾弟弟妹妹，也可能继承群内优势地位，有的则会迁移出去（大都为雄狼）。还有一些情况会出现迁徙狼，以百来头为一群，有来自不同家庭等级的各类狼，各个小团体原狼首领会成为头狼，头狼中最出众的则会成为狼王。野生的狼一般可以活12 ～ 16年，人工饲养的狼有的可以活到20年左右。

狼奔跑的速度极快，可达每小时55千米左右，持久性也很好。它们有能力以每小时10千米的速度长时间奔跑，并能以每小时高达近65千米的速度追击猎物。如果是长跑，它的速度会超过猎豹。狼是以肉食为主的杂食性动物，狼群主要捕食中、大型哺乳动物。研究显示，狼是控制当地生态平衡的关键角色，而它们唯一的天敌就是人。

穿　山　甲

穿山甲属真兽亚纲鳞甲目鲮鲤科，地栖性哺乳动物。

穿山甲体形狭长，全身有鳞甲，四肢粗短，尾扁平而长，背面略隆起。成体身长50～100厘米，尾长10～30厘米，体重1.5～3千克，不同个体的体重和身长差异极大。头呈圆锥状，眼小，吻尖。舌长，无齿，耳不发达。足具5趾，并有强爪；前足爪长，尤以中间第3爪特长，后足爪较短小。全身鳞甲如瓦状。自额顶部至背、四肢外侧、尾背腹面都有。鳞甲从背脊中央向两侧排列，呈纵列状。鳞片呈黑褐色。

穿山甲在我国仅有一属，分布于福建、台湾、广东、海南岛、广西、云南等地，与我国邻近的越南、缅甸、印度、尼泊尔等地也有。

穿山甲多在山麓地带的草丛中或丘陵杂灌丛较潮湿的地方挖穴而居，能爬树游水。昼伏夜出，食物主要为白蚁、黑蚁，有时也食蜜蜂等昆虫。遇敌时则蜷缩成球状。舌细长，能伸缩，带有黏性唾液，觅食时，以灵敏的嗅觉寻找蚁穴，用强健的前肢爪掘开蚁洞，将鼻吻深入洞里，用长舌舔食。外出时，幼兽伏于母兽背尾部。

穿山甲平时独居于洞穴之中，只有繁殖期才成对生活。发情期为4～5月，12月至次年1月产仔，每年1胎，每胎1～2仔。穿山甲的食量很大，一只成年穿山甲的胃最多可以容纳500克白蚁。据科学家观察，在16.67公顷林地中，只要有一只成年穿山甲，白蚁就不会对森林造成危害，可见穿山甲在保护森林、堤坝，维护生态平衡、人类健康等方面都有很大的作用。

第四节 濒危哺乳动物

棕　熊

棕熊属真兽亚纲食肉目熊科。棕熊是分布最为广泛的熊科动物,在欧亚大陆和北美很多地方都有分布。目前来说,数量最为稳定的棕熊群体主要分布于俄罗斯和北美。在欧洲中部和西部,它们的群体如今被分割成几小块。而在亚洲,由于人们的大量捕杀,它们的数量大幅减少。北美的棕熊主要分布于北美洲西北部地区,在阿拉斯加和加拿大一带。我国的棕熊主要分布在新疆、青藏高原和东北山林地区,在这里生活的棕熊,除了有指名亚种以外,还有珍稀的藏马熊和喜马拉雅棕熊。

棕熊肩背隆起,粗密的被毛有着不同的颜色,如金色、棕色、黑色和棕黑,等等。到了冬天被毛会进一步长长,最长能到10厘米,到了夏季则重新变短,颜色比冬季时深。有些棕熊被毛的毛尖颜色偏浅,甚至近乎银白,这让它们的身上看上去像披了一层银灰。体型较大,公熊体重大约500千克;母熊则通常只有公熊的一半。前爪的爪尖最长能长到15厘米,不过比较粗钝。嗅觉极佳,是猎犬的几倍,它们的视力也很好,在捕鱼时能够看清水中的鱼类。吻部比较宽,有42颗牙齿,其中包括两颗大犬齿。和其他熊科动物一样,长有一条短尾巴。

棕熊是一种适应力比较强的动物，从荒漠边缘至高山森林，甚至冰原地带都能顽强生活。棕熊还是杂食性动物，它们的食谱也一样会随着季节的不同发生变化。一般来说，植物性食物占60% ～ 90%，各种植物的根茎、块茎、草料、谷物及各种果实，棕熊都能食用。棕熊的动物性食物主要有昆虫、啮齿类动物、有蹄类动物、鱼和腐肉等。

棕熊都有各自的领地，居住在内陆的棕熊领地很大，公熊的领地可能会有700 ～ 1 000平方千米，即便是成年母熊也有100 ～ 450平方千米的领地。棕熊们领地相交错的情况是较为常见的，公熊的领地有时就会和几只母熊相交错。

棕熊生性好斗，特别是在保护领地和食物的时候，更容易出现战争。为了保护食物，它们会赶走狼群和山狮，也会打跑侵入它们领地的其他熊。不过多数战争仍然集中在交配季节。母棕熊为了抚育幼熊，通常每隔3 ～ 5年才会交配一次，为了让母熊们尽早进入交配阶段，公熊们会找机会杀死这些母熊的幼熊，尽管勇敢的母亲们在遭遇这些身型大它1.5倍甚至2倍的雄性时奋力搏斗，但仍避免不了有不少幼熊被公熊杀死。

棕熊的婚配季节一般是在5 ～ 7月。母熊的孕期有180 ～ 266天，届时它们会产下1 ～ 3个幼熊。幼熊刚出生的时候非常小，只有300克重，它们会和妈妈一起待到两岁半至四岁半，之后才会独闯天下。幼熊通常要长到4 ～ 6岁才会性成熟，但要到生理成熟还要等到10 ～ 11岁。棕熊寿命有20 ～ 30年。在圈养条件下，寿命最长的棕熊活到了50岁。

棕熊的各亚种中，较为有名的当数科迪亚克棕熊。科迪亚克棕熊是棕熊中体型最大的亚种，它们巨大的身板足以和北极熊相抗衡。一只成年的科迪亚克大公熊站立起来能达到3米左右，体重超过680千克。在科迪亚克岛上捉到的一只公熊体重达1 134千克，这只公熊被送进了柏林动物园。

阿特拉斯棕熊原本是非洲唯一的熊科动物，它们曾居住在摩洛哥至利比亚的阿特拉斯山脉。自从罗马帝国入侵北非后，它们就一直被人类作为娱乐狩猎目标而不断捕杀，到1870年，阿特拉斯棕熊彻底绝种了。到1975年，人类扩张活动,使棕熊自然生活环境的99%遭到了严重破坏,棕熊成为濒危动物。

作为熊类中分布最广的动物,棕熊在亚洲和欧洲的山川和平原地区也有活动。在这些地区,棕熊的命运也处于危险之中。俄罗斯联邦现有将近10万只在野生状态下生活的棕熊,占全世界棕熊总数的一半以上。意大利和希腊只有不到100只棕熊。据观察,棕熊在很多地方已经绝种。我国已把棕熊列为国家二级重点保护野生动物。

白 鳍 豚

白鳍豚,俗称白鳍、白夹、江马,属鲸目齿鲸亚目白鳍豚科白鳍豚属白鳍豚种。白鳍豚吻突狭长,长约300毫米,额部圆而隆起,背鳍三角形,位于身体的3/5处,有低皮肤脊与尾鳍相连。头顶偏左侧有一个能启闭自如的呼吸孔,尾鳍水平向,呈新月形。白鳍豚种群数量非常小,为我国特有的珍稀水生兽类。

白鳍豚的体形呈纺锤形,身长2～2.5米,体重可达200千克以上。背呈浅灰色或蓝色,腹面为纯白色,背鳍形如一个小三角,胸鳍宛如两只手掌,尾鳍扁平,中间分叉,善于游水,时速可达80千米左右。白鳍豚耐寒,体温通常在36℃左右。

白鳍豚通常成对或10余头在一起,喜在水深流急处活动。喜欢群居,尤其在春天交配季节,集群行为就更明显。

白鳍豚是食肉动物,口中约有130个尖锐牙齿,为同型齿。常在晨昏时游向岸边浅水处进行捕食,一般以吞食体长小于6.5厘米的淡水鱼类为主,也吃少量的水生植物和昆虫。呼吸时,头部先出水,然后全部露出水面,在水面游动2米后,再入水中。

白鳍豚出生时体长80厘米左右,新生幼体体色略深,成年白鳍豚一般背面呈浅青灰色,腹面呈洁白色,在阳光的照耀下尤其光亮。水平伸展的鳍肢和尾鳍上下两面分别与背面和腹面同色,这样的颜色分布恰好与环境颜色相符。当由水面向下看时，背部的青灰色和江水混为一体很难分辨；当由水底向上看时，白色的腹部和水面反射的强光颜色相近也很难被发现。这使得白鳍豚在逃避敌害、接近猎物时，有了天然的隐蔽屏障。白鳍豚寿命可达30多年，雌兽一般在6岁达到性成熟，雄兽为4岁。成年白鳍豚每年发情两次，分别在3～5月和8～10月。孕期为10～11个月，一胎一仔，偶然情况下也会生出两仔。野生状态下，成年白鳍豚雌雄比例为1∶1，但雌兽怀孕率一般仅为30%，自然繁殖率很低，出生后的小白鳍豚靠母亲的乳汁喂养。

白鳍豚由于长期生活在混浊的江水中，视听器官已经退化。它眼小不具备视觉功能，视力几乎为零，耳孔似针眼，位于双眼后下方。但大脑特别发达，声呐系统极为灵敏，头部还有一种超声波功能，能将江面上几万米范围内的声响迅速传入脑中。一旦遇上紧急情况，便立刻潜水躲避。白鳍豚的上呼吸道有3对独特的气囊与一个形似鹅头的喉咙，但是因为生存于水中靠水发音，所以并没有陆地动物在空气中发音所需要的声带。用特制的水听器，可以听到白鳍豚发出的“滴答”“嘎嘎”等数十种不同的声音。白鳍豚发出的声音常为两声一对，发出声音后会安静地等待着回声，从而辨出自己与产生回声的阻碍物的距离和大小，并且考虑是否游向目标。它又会在收到回声后的不久发出新的一对声音，稍候又安静一阵等待回声。第2次回声收到后，它便可以分析出目标游动的方向与速度，白鳍豚就是这样如人造声呐般的做回声定位。用这独特的声呐系统，它可以在江底的淤泥中捕捉食物，也可以发出人耳听不见的高频率音波，与十多千米外的同伴联系。

白鳍豚是研究鲸类进化的珍贵“活化石”，它对仿生学、生理学、动物学和军事科学等都有很重要的科学研究价值。

白鳍豚由于数量稀少且为中国特有，被人们称为“水中大熊猫”。白鳍豚是国家一级重点保护野生动物，目前仅分布在长江中、下游干流的湖北枝城至长江口约1 600千米的江段内。近年来种群数量下降极快。据报道，20世纪80年代初有400多头，80年代中期减至300来头，1990年调查时有200来头，至1993年为130余头，而到1995年已不足100头，被列为世界级的濒危动物。

为保护这一濒临灭绝的珍贵水生动物，国家已在长江中游的螺山至新滩口江段和石首天鹅洲长江故道，以及长江下游的铜陵江段，分别建立了白鳍豚自然保护区。

长吻针鼹

长吻针鼹是地球上最原始的现生哺乳动物之一，是一种非常奇特的小型珍贵哺乳动物。

长吻针鼹的外形粗看好似一只刺猬或者豪猪，也是头小而尖，四肢短小，身躯肥短，针毛密布，但与刺猬和豪猪却是完全不同的动物，在亲缘关系上相距甚远。三趾针鼹的体型比其他针鼹大，体长45～77厘米，体重5～10千克，雄性大于雌性。体表被有褐色或黑色的毛，身上的刺较为稀疏，呈浅灰色，比毛短，在背部几乎完全被毛所遮盖。尾巴极短，仅是一个微小的突起。眼睛和耳朵也都很小，但具有发达的外耳壳。头部灰白色，前部有一个坚硬无毛的长喙，呈圆筒状，并且向下弯曲，鼻孔和嘴都位于喙的前端，因此又被叫做长鼻针鼹、曲喙针鼹等。嘴只是一个小孔，有一条能灵活伸缩并能伸出口外很远的长舌。舌上生有很多角质的乳突和倒钩，并富有黏液，用来粘取白蚁、蚂蚁等各种昆虫和虫卵，以及蠕虫等其他小型无脊椎动物。

口中上下颌上均没有牙齿，但在口腔上壁和舌后端的上方有一些角质隆起，形成一套摩擦部件，可以磨碎昆虫的几丁质外骨骼。它的胃类似于鸟类的砂囊，在消化食物的时候还要借助于小砂粒的帮助。另外，据说有时它也把长喙插入动物的尸体中，吸食血液及其他流质。

长吻针鼹喜欢生活在高寒草原及潮湿山区森林。它不像澳大利亚针鼹吃蚂蚁及白蚁，而是吃蚯蚓。长吻针鼹比澳大利亚针鼹大，体重达16.5千克，吻长及可以向下，其刺混杂在长毛之间。前后肢均具3爪，爪坚硬锐利，适合挖掘。长吻针鼹极善于挖掘洞穴，有高超的挖洞技巧，能在数分钟内就在坚硬的土地上挖掘出一个洞穴，将自己隐藏其中，或者只埋藏下半身，而把布满硬刺的背部露在外面。挖洞时，先把已经挖出的土堆在身后，待挖掘到3～4米后，再慢慢地转过身体，将掘出的土推向洞穴的入口处。它的性情较为孤僻，除短暂的繁殖期外，都是单独活动。它不仅有冬眠的习性，而且天气炎热时也蛰伏不出。三趾针鼹对消灭树木害虫有很重要的作用，在世界各地的动物园中也是很受欢迎的观赏动物，其寿命可达30多年，据说最长为50年。

华 南 虎

“华南虎”一词源自我国，其实华南虎远不止分布于我国的华南地区，华东、华中、西南地区也有广泛分布。它是我国独有亚种，称为“中国虎”会更加合适。

华南虎雄虎从头至尾长约1.8米，重150～225千克。雌虎从头至尾身长1.6～1.7米，体重约110千克，尾长80～100厘米。华南虎较其他虎种原始，头骨长度与头骨宽度的比值较大，体形修长，腹部较细，更接近老虎的直系祖先——中华古猫。

华南虎主要生活在森林山地，多单独生活，不成群，多在夜间活动，嗅觉发达，行动敏捷，善于游泳，但不善于爬树。与其他的虎的亚种相似，华南虎主要猎食有蹄类动物。雄性华南虎会攻击较大型的猎物，如黑熊及马来熊等。一般来说，一只老虎的生存至少需要70平方千米的森林，还必须生存有200只梅花鹿、300只羚羊和150只野猪。野生华南虎吃新鲜肉，捕食对象包括野猪、野牛和鹿类。

华南虎的怀孕期约为103天，平均每次可以产两三头幼虎。一般情况下，体质弱的华南虎每次仅产1～3仔，体质好一些的每胎有可能会有2～4仔，华南虎产仔的最高记录为一胎5仔。

华南虎的人工繁殖始于1963年的贵阳黔灵公园。1958年从贵州清镇捕获1只野生雄性华南虎，于1963年先后与1958年从贵州长顺捕获的1只野生雌性

华南虎和1959年从贵州毕节捕获的1只野生雌性华南虎交配。两只雌性华南虎分别产下1雄1雌2只幼仔，38年来全国圈养华南虎共122胎，产仔287只，除32只死亡外，存活雄体151只，雌体104只。在46年的圈养中，华南虎共死亡250只。可以准确确定死亡年龄的有191只，其寿命之和为10 179岁。记录的266只幼体，在出生后30天内死亡的有117只，死亡率高达44%；成体的死亡率在4～12岁时为4%～5%，超过13岁死亡率增大。

目前拥有华南虎数量最多的动物园是上海动物园，共有25只；其次是洛阳王城动物园，共有13只。上海动物园于2010年9月建立了华南虎幼儿园、托儿所，用于训练华南虎幼崽，为全国首创。

1966年，国际自然与自然资源保护联盟在《哺乳动物红皮书》中将华南虎列为E级，也就是濒危级；1973年5月，国务院在《野生动物资源保护条例（草案）》中，把华南虎列为三级保护动物。同时，农业部禁止猎捕东北虎和孟加拉虎，却仍然允许每年控制限额捕猎华南虎。每年控制的数量以当地农业部门按"有计划地保证数量持续增长"为原则。

到了1989年，我国颁发的《中华人民共和国野生动物保护法》终于将华南虎列为国家一级重点保护野生动物。对于这一濒临灭绝的物种，合法生存权姗姗来迟。1996年，联合国国际自然与自然资源保护联盟发布的《濒危野生动植物种国际贸易公约》将华南虎列为第一号濒危动物，列为世界十大濒危物种之首，最需要优先保护的极度濒危物种。

藏　羚　羊

藏羚羊为羚羊亚科藏羚属动物，是中国重要珍稀物种之一，属国家一级重点保护野生动物。

藏羚羊背部呈红褐色，腹部为浅褐色或灰白色。成年雄性藏羚羊脸部呈黑色，腿上有黑色标记，头上长有竖琴形状的角用于御敌，一般有50～60厘米。而雌性藏羚羊没有角。藏羚羊的底绒非常柔软，其四肢匀称、强健，尾短小、端尖。通体被毛丰厚浓密，毛形很直。藏羚羊每个鼻孔内还有无数个小囊，其作用是为了帮助在空气稀薄的高原上进行呼吸。雄羊的头、颈、上部的毛色呈淡棕褐色，夏深而冬浅，腹部白色，额面和四条腿有醒目黑斑记，雌羊纯黄褐色，腹部白色。

藏羚羊的活动很复杂，某些藏羚羊会长期居住一地，还有一些有迁徙习惯。雌性和雄性藏羚羊活动模式不同。成年雌性藏羚羊和它们的雌性后代每年从冬季交配地到夏季产羔地迁徙行程300千米。年轻雄性藏羚羊会离开群落，同其他年轻或成年雄性藏羚羊聚到一起，直至最终形成一个混合的群落。

藏羚羊生存的地区东西相跨1 600千米，季节性迁徙是它们重要的生态特征。因为母羚羊的产羔地主要在乌兰乌拉湖、卓乃湖、可可西里湖、太阳湖等地，每年4月底，公母羚羊开始分群而居，未满一岁的公仔也会和母羚羊分开，到五六月，母羊与它的雌仔前往产羔地产仔，然后母羚又率幼仔原路返回，完成一次迁徙过程。集成十几只到上千只不等的种群，生活在海拔4 300 ～ 5 100米(最低3 250米，最高5 500米)的高山草原、草甸和高寒荒漠上，早晚觅食，善于奔跑。夏季雌性沿固定路线向北迁徙，6 ～ 7月产仔之后返回越冬地与雄羊合群，11 ～ 12月交配，每胎1仔。有少数种群不迁徙。

藏羚羊群的构成和数量根据性别和时期不同会有所变化。雌性藏羚羊在1.5 ～ 2.5岁达性成熟，经过7 ～ 8个月的怀孕期后一般在2 ～ 3岁产下第一胎。

幼仔在6月中下旬或7月末出生，每胎一仔。交配期一般在11月末到12月，雄性藏羚羊一般需要保护10～20只雌性藏羚羊。藏羚羊善于奔跑，最高时速可达80千米，寿命最长8年左右。雌藏羚羊生育后代时都要千里迢迢地到可可西里生育。有学者猜测因为卓乃湖和太阳湖等地水草丰美，天敌少。丰富的食物、相对安全的环境有利于藏羚羊的生产和生长。还有些人认为卓乃湖和太阳湖的水质可能含有某种特殊的物质，有利于藏羚羊母子的存活；而且，藏羚羊集中产羔后，离开产羔地，回到的种群有可能不是它以前所在的种群。这会有利于基因之间的交流，增加物种的遗传多样性，从而有助于藏羚羊种群的延续。

藏羚羊主要分布于中国青藏高原，是青藏高原动物区系的典型代表。经过漫长的自然演替和发展，该物种种群曾达到相对稳定状态，且数量巨大。但从20世纪80年代末开始，该物种遭受了从未有过的大规模盗猎，种群数量急剧下降。

虽然藏羚羊分布区是人烟稀少、气候恶劣的高寒地区，但近10年来盗猎者手持武器、不断涌入藏羚羊栖息地或守候在藏羚羊迁徙路线上屠杀藏羚羊，每年被盗猎的藏羚羊数量在20 000头左右。此外，由于盗猎活动的严重干扰，藏羚羊原有的活动规律被扰乱，对种群繁衍造成严重影响。

盗猎的严重后果之一，是藏羚羊种群数量急剧下降。20世纪80年代末至90年代初的调查资料表明：1986年冬季在青海西南部调查到藏羚羊分布密度为每平方千米0.2～0.3头，1991年羌塘自然保护区东部藏羚羊分布密度为每平方千米0.2头，并且还能看到集群数量超过2 000头的藏羚羊群。1994年在新疆昆仑山进行的一次调查，估算该区域藏羚羊数量为43 700头。而据一位多年在青藏高原从事野生动物研究的资深专家估计，在1995年中国藏羚羊总数已急剧下降至50 000～75 000头，并且现仍在继续下降。近几年来，也无人再见到集群数量超过2 000头的藏羚羊群。在许多昔日藏羚羊集聚的地方，如今只能看到零星的藏羚羊，这个古老的物种已经走向灭绝的边缘。

藏羚羊作为青藏高原动物区系的典型代

表，具有难于估量的科学价值。藏羚羊种群也是构成青藏高原自然生态的极为重要的组成部分。中国政府十分重视藏羚羊保护。1981年中国加入《濒危野生动植物种国际贸易公约》，鉴于藏羚羊为附录I物种，中国政府严格禁止一切贸易性出口藏羚羊及其产品的活动。1988年《中华人民共和国野生动物保护法》颁布后，中国国务院随即批准发布的《国家重点保护野生动物名录》将藏羚羊确定为国家一级重点保护野生动物，严禁非法猎捕。此外，中国政府还在藏羚羊重要分布区先后划建了青海可可西里国家级自然保护区、新疆阿尔金山国家级自然保护区、西藏羌塘自然保护区等多处自然保护区，成立了专门保护管理机构和执法队伍，定期进行巡山和对藏羚羊种群活动实施监测。

令人遗憾的是，部分国家和地区的藏羚羊绒及其织品贸易并未得到有效打击和制止，而这恰恰是盗猎分子疯狂猎杀藏羚羊的根本原因。

白　犀

白犀，又名白犀牛、方吻犀、宽吻犀等。体大威武，形态奇特，是体型最大的犀牛，也是仅次于象和河马的第三大陆生脊椎动物，堪称“犀牛之王”。白犀产于非洲的乍得、苏丹、刚果（金）、乌干达、安哥拉和津巴布韦等地。

白犀生活于非洲丛林以及草原地带。其性情温和，喜群居。每群3～5只或10～20只。它们在一处埋头吃草，7～8小时也移动不了1 000米，吃过的草地，如剪草机剪过一样整齐。白犀有固定地点排便的习性，往往粪便堆积如山，从粪便可追寻白犀的踪迹。它们休息时，成对的白犀常做顶角游戏，群犀们围观助兴。

白犀没有固定的发情期，全年均可以交配，雄兽在求偶时会发出一种奇怪的声音，作为情歌。雌兽每3年生产一次，怀孕期为547天左右，每胎仅产1仔。初生的幼仔体重为45～50千克，叫声很尖，较为耐寒，小白犀出生后3天会一直跟随在母亲的身后，之后一般会跑在母亲的前方。哺乳期大约为一年，但从3个月后小白犀牛就会啃咬草皮了。1

岁时体重可达218千克左右，6～9岁性成熟，寿命为20～25年。

白犀的分布区被分割为相距大约3 000千米的南北两块，分别栖息着2个不同的亚种。北方亚种又叫北白犀，分布于苏丹南部和与乌干达接壤的地区，现在还有2 000只左右；指名亚种又叫南白犀，与前者不同的是有一个凹形的前额，分布于南非的纳塔尔、苏禄兰等地，在20世纪末仅剩有几十只，几乎灭绝，但在1920年后，由于采取了有效的保护措施，使野外数量得以恢复和发展，现在已经达到2 000只以上。为了保护濒危的犀牛类动物，包括我国在内的世界各国采取了多种多样的措施，特别是严禁犀牛角的贸易，取得了一定的效果。

白犀通常是结成小群或整个家族在一起生活，而其他犀牛一般都是独居的。它们主要在傍晚、夜间和清晨活动，白天在茂密的丛林或草丛中休息，休息场所有时距水源数千米远。白犀的视力很差，主要依靠听觉和嗅觉，奔跑时速可达40千米。在栖息地内就连最凶猛的狮子也对它们无可奈何，因此没有天敌，唯一的天敌就是人类。白犀会成群活动，群中通常是母犀牛与小犀牛；成年的雄犀牛则多半是独居，它们会以撒尿及散布粪便的方式来标记自己的领域，在争夺领域时，会互相用角攻击。但它们比黑犀牛温和，较不具攻击性。

白犀的角、皮、肉、血、骨和内脏等都有很大的经济价值，尤其是犀角，被用于制作传统的阿拉伯弯刀的刀柄，而且自古以来就是著名的珍贵中药，有强心、清热、解毒、止血的作用，作为解血清热的清凉剂。但在国外却有种种误解，认为可以当作滋补壮阳的春药，从而使得黑市贸易十分猖獗。由于乱捕滥猎，白犀的数量急剧下降，在《濒危野生动植物种国际贸易公约》中，白犀被列入附录Ⅰ。